JN033386

せいすうたん

整数たちの世界の奇妙な物語

1

著

小林銅蟲
関真一朗

日本評論社

まえがき

　本書は雑誌『数学セミナー』で 2020 年 4 月号から 2021 年 3 月号に連載された整数をテーマにした漫画『せいすうたん』を単行本化したものです．つまり，漫画本です．ですが，普通の漫画本とは異なる点があって，各話で扱われる数学的内容に関する解説がついています．この解説パートだけを見ると数学書にしか見えません．つまり，本書は漫画本でありながら数学書でもあるという比較的珍しいスタイルの本なのです．

　本書で扱われる数学的内容の本来のテーマは，面白い特徴を持った整数を多数紹介するというものです．例えば，28 は「その数自身を除く正の約数の総和がその数自身に一致する」という珍しい性質を持っており，完全数とよばれています：

$$1+2+4+7+14 = 28.$$

12（サブライム数）や 78557（シェルピンスキー数）や 294001（弱い素数）など，さまざまな面白い特徴を持った整数たちがキャラクターとなって漫画に登場します．一方で実際に連載し本書を執筆してみると，単に整数をたくさん紹介するだけではなく，筆者の好きな 2 つの数学のテーマが色濃く反映されていることに気づきます．それらは

- 特定の整数列の無限性（シェルピンスキー数の無限性など）
- 数の無理性，超越性，独立性（$\zeta(3)$ の無理性など）

です．そして，これらは互いに無関係なテーマに思えるのですが，意外な関連性も見え隠れします（金子–ザギエ予想など）．

　各話において，解説パートは以下のような節から構成されています．

数学的解説／補足説明／研究課題／参考文献

「数学的解説」では漫画に出てきた数学的内容の解説を行います．命題や定理の紹介もされますが，（原則的に）この節には証明は書かれません．「補足説明」では「数学的解説」に出てきた命題や定理のうちの一部に証明を与えたり，漫画には出てこなかったけれども関連する数学の話題を書きます．「研究課題」では「数学的解説」や「補足説明」で扱った内容に関連する研究課題をいくつか出題します．「参考文献」には上記 3 つの節の内容に関係する必要な論文や書籍の情報を載せます．

解説に現れる定理の中には，横にアスタリスクがついたものがあります（「定理*」）．これらの定理については，証明の紹介は割愛します．例えばフェルマーの最終定理を扱っており，その証明を本書に載せる余白が足りないことは明白ですが，どの定理の証明を紹介してどの定理の証明を割愛するかは基本的には筆者の好みで選ばれています．

　本書ではさまざまな数列が扱われますが，数列の項を表す a_n という記号などは各話ごとに有効であることに注意してください．一方で正の約数の総和を表す $\sigma(n)$ など複数の話で扱われる数列記号もあります．

　オンライン整数列大辞典（On-Line Encyclopedia of Integer Sequences, OEIS）とよばれる有名な数列のオンラインデータベースがあります．本書で整数列を紹介する際には，OEIS における識別番号も掲載するようにしていますのでご活用ください（例えば，完全数の識別番号は A000396）．

　なお，解説パートは雑誌には掲載されていませんでしたが，本書の内容のある程度の部分は筆者のブログ INTEGERS（Hatena Blog）に過去に書いた記事の内容を基にしています．ですが，記事の単なるコピーではなく加筆修正を行なっている箇所も多く，今回書き下ろした部分も多いです．ですので，ブログの読者の方々にも「一度読んだことがあるからこの本は読まなくてもいいだろう」とは思わずに，ぜひ本書を手にとっていただきたいです．

　本書はさまざまな層の方々に楽しんでいただけると思います．数学は難しいけれど漫画には興味があるという方は漫画パートをお楽しみください．証明までは興味がないけれど，漫画に書かれている数学的内容には興味があるという方は「数学的解説」を．証明が気になり，証明を読んで初めて納得し面白いと感じられる方やより進んだ内容に興味がある方は「補足説明」を．プロ級の実力者で，以上の内容はほとんど知っており，研究をして謎を解き明かしたいという方は「研究課題」をぜひお楽しみください．

　本書の「数学的解説」，「補足説明」の部分は大学等での輪読セミナーに利用することもできるでしょう．また，「研究課題」の部分は大学院生の役に立つこともあるかもしれません．

　雑誌『数学セミナー』で漫画が連載されたのは初めてのことで，筆者に監修の依頼がきたときは驚いたとともにとても面白そうだと感じ，喜んでお引き受けしました．筆者はあくまで監修者であって，原作者ではありません．漫画家の小林銅蟲先生が絵だけではなくお話も作っておられます．筆者は各話で扱う数学的題材をまとめた資料を作成し，小林先生がそれを基に漫画に盛り込む内容を取捨選択されます．後はネームや原稿のチェックを行うというのが筆者の監修としてのお仕事でした．その資料と

いうのは，本書の解説パートをかなり雑にしたもので(実際は，雑な資料を連載後にわかりやすく書き直したり加筆したものが本書の解説パートです)，漫画を描くために(「定理 → 証明」形式の)数学資料を読み込む作業はとても大変だったはずです．にもかかわらず，毎回数学的内容をしっかりと理解された上で見事に漫画の形にされていく小林先生の手腕にはただただ驚愕するばかりで，心から敬服しております．そして，小林先生の数学能力の高さに甘えて毎回雑な資料しか作れなかったことをここにお詫びします．

　また，原稿を詳細に読んで多数のコメントをくださった松坂俊輝氏に感謝します．

　それでは，不思議な整数世界の旅「せいすうたん」をぜひお楽しみください！

関 真一朗

目次

記号一覧

- 集合 A の元の個数を $\#A$ で表す.
- 差集合を $A \setminus B$ で表す. すなわち, $A \setminus B := \{a \in A \mid a \notin B\}$.
- 二項係数の記号は ${}_n\mathrm{C}_k$ ではなく, $\binom{n}{k}$ を用いる.
- 整数 a が整数 b を割り切ることを $a \mid b$ で表す.
- 整数 a, b の最大公約数を $\gcd(a, b)$ で表す. a と b が互いに素であることは $\gcd(a, b) = 1$ と表すことができるが, 省略して $(a, b) = 1$ と表現することもある. 同様に, 3 つの整数 a, b, c の最大公約数は $\gcd(a, b, c)$ など.
- 実数 x に対して, x を超えない最大の整数を $\lfloor x \rfloor$ で表す.
- 整数全体の集合, 有理数全体の集合, 実数全体の集合, 複素数全体の集合, 素数全体の集合をそれぞれ, $\mathbb{Z}, \mathbb{Q}, \mathbb{R}, \mathbb{C}, \mathscr{P}$ で表す.
- 素数 p と零でない有理数 r について, $r = p^e \cdot a/b$ の形に r を一意的に表すとき (e, a, b は整数, $b > 0$, a と b は互いに素でともに p で割り切れない), r の p 進付値 (p-adic valuation) $\mathrm{ord}_p(r)$ を $\mathrm{ord}_p(r) := e$ と定める.
- ランダウの記号とよばれる O と o を用いる箇所がある. 例えば, $f(x)$ が複素数値関数で $g(x)$ が非負値関数であるとき, $f(x) = O(g(x))$ はある定数 $C > 0$ が存在して不等式 $|f(x)| \leq C g(x)$ が文脈上考えている範囲で成立することを意味する. この C をビッグ・オー定数とよぶ.
  また, $f(x) = o(g(x))\ (x \to \infty)$ は任意の $\varepsilon > 0$ に対してある $x_0 > 0$ が存在して, $x \geq x_0$ で不等式 $|f(x)| \leq \varepsilon g(x)$ が成立することを意味する.

第1話
サブライム数

そんで
聖徳太子
が…

冠位十二階の

ありす
起きろー

スヤーッ

ドン
トン

ふあ？

こんにちは
私は 12 よ

12？

そう
整数の
12

私はありす
環 有理数

たまき

ありす

私は 6086555670238378989670371734243169622657830773351885970528324860512791691264 よ
よろしくね

12ちゃんと私は
「サブライム数」
なの

え，好き
『死霊のはらわた』

それは
サム・
ライミよ

正整数 N がサブライム数であるとは
「N の正の約数の個数」および
「N の正の約数の総和」が
ともに完全数であることをいうの

12 の正の約数の個数は 6
正の約数の総和は 28

6 も 28 も 完全数

これは以下の定理によって得られるのだけど
もし 3 つ目の偶数のサブライム数を得ようとすれば
まず最低でも 69 京桁の素数を
見つけないといけないから
もし会えたとしても遠い未来になるんじゃないかと
考えられているわ

私は
$M_7 - 1 = 3 + 5 + 7 + 19$
$+ 31 + 61$
だからサブライム数なの

$M_p = 2^p - 1$ が メルセンヌ素数と
なるような素数 p を メルセンヌ指数とよぶ。

p を「メルセンヌ指数であって，M_p もメルセンヌ指数
となるような素数」とし，さらに $p-1$ 個の素数
$q_1, \cdots, q_{p-1}$ が相異なるメルセンヌ指数であって，
$M_p - 1 = q_1 + \cdots + q_{p-1}$ が成り立つとする。
このとき，$N := 2^{M_p - 1} M_{q_1} \cdots M_{q_{p-1}}$ はサブライム数

なんかすごいね
つか
LINE 交換しよ？

はい
QR コード

QR… 有理数と
実数？

環…
環！

あっ世界が

じゃあまた

ん？

寝すぎだろ！

聖徳太子の
定めたのは
冠位いくつだ？

えーと…
608655567023837898967
037173424316962265783
077335188597052832486
0512791691264

数学的解説

「せいすうたん」の物語で最初に皆さんにご紹介するのは，サブライム数です．"sublime" は「荘厳な，崇高な，雄大な」といった意味を表す英単語なので，"sublime number" を「荘厳数」などと訳してもよいかもしれません．これは有名な完全数と関係する数ですので，まずは完全数の話から始めます．

いきなりですが，各正整数 n について，「n を除く n の正の約数の総和」と「n 自身」の大小関係を比較してみましょう．$n=p$ が素数の場合は「p を除く p の正の約数の総和」$=1<p$ なので，素数以外の場合を書きます．

$$0 < 1,$$
$$1+2 = 3 < 4,$$
$$\mathbf{1+2+3 = 6},$$
$$1+2+4 = 7 < 8,$$
$$1+3 = 4 < 9,$$
$$1+2+5 = 8 < 10,$$
$$\mathbf{1+2+3+4+6 = 16 > 12},$$
$$1+2+7 = 10 < 14,$$
$$1+3+5 = 9 < 15,$$
$$1+2+4+8 = 15 < 16,$$

$$\mathbf{1+2+3+6+9 = 21 > 18},$$
$$\mathbf{1+2+4+5+10 = 22 > 20},$$
$$1+3+7 = 11 < 21,$$
$$1+2+11 = 14 < 22,$$
$$\mathbf{1+2+3+4+6+8+12 = 36 > 24},$$
$$1+5 = 6 < 25,$$
$$1+2+13 = 16 < 26,$$
$$1+3+9 = 13 < 27,$$
$$\mathbf{1+2+4+7+14 = 28}.$$

$1 \leqq n \leqq 28$ の範囲では「n を除く n の正の約数の総和」よりも n の方が大きい数が 22 個（素数の場合を含む），n と一致する数が 6 と 28 の 2 個，n の方が小さい数が 4 個あります．この分類について，次のような用語が付けられています．

定義 1.1（OEIS：A005100, A005101, A000396）　正整数 n について，「n を除く n の正の約数の総和 $<n$」が成り立つとき，n は**不足数**とよばれる．また，「n を除く n の正の約数の総和 $>n$」が成り立つときは**過剰数**とよばれ，「n を除く n の正の約数の総和 $=n$」が成り立つときは**完全数**とよばれる．

限られた大きさまでの正整数が不足数，過剰数，完全数のいずれであるかを観察すると，不足数が最も多く出現することがわかります．過剰数は比較的少なく見えますが，次が成り立つことは簡単に確認できます．

命題 1.2（証明は p.13）　過剰数は無限に存在する．

より精密な結果としては，過剰数の占める自然密度は約 0.2476 であることが知られています（[K]）．一方，完全数はもっと少なく，本書執筆時点で知られている完全数

は 51 個しかありません．完全数を小さい順に 10 個並べてみます：

6,

28,

496,

8128,

33550336,

8589869056,

137438691328,

2305843008139952128,

2658455991569831744654692615953842176,

191561942608236107294793378084303638130997321548169216.

知られている完全数はすべて偶数です．奇数の完全数が存在するかについても，完全数が無限に存在するかについても，どちらもわかっていません．（奇数の過剰数も小さい範囲を見ているとなかなか現れませんが，945 が最小の奇数の過剰数です．） 次のことは比較的簡単に証明できます．

命題 1.3（証明は p. 16） x 以下の完全数の個数は $O(\sqrt{x})$ である．特に，完全数全体の集合の自然密度は 0 である：

$$\lim_{x \to \infty} \frac{x \text{ 以下の完全数の個数}}{x} = 0.$$

完全数の定義と例を確認できたので，今回の主役であるサブライム数を定義しましょう．

定義 1.4（OEIS：A081357） 正整数 n が**サブライム数**であるとは，「n の正の約数の個数」および「n の正の約数の総和」がともに完全数であるときをいう．

サブライム数は現状，次の 2 つのみが知られています：

- 12
- 6086555670238378989670371734243169622657830773351885970528
  3248605127916491264

12 がサブライム数であることをチェックしてみましょう．

$$12 \text{ の正の約数の個数} = 6,$$

$$12 \text{ の正の約数の総和} = 1+2+3+4+6+12 = 28$$

であり，6 と 28 はたしかに完全数であるので，12 はサブライム数であることが確認できました．もう 1 つの 76 桁の数は正の約数の個数が完全数 8128 であり，正の約数の

総和は大きめの数でここには書けません．このような大きいサブライム数はいったいどうやって見つけられたのでしょうか．それを知るためには完全数の構造をもう少し深く調べる必要があります．先ほどの完全数のうち，最初の8個を素因数分解してみましょう．

$$6 = 2 \times 3,$$
$$28 = 2^2 \times 7,$$
$$496 = 2^4 \times 31,$$
$$8128 = 2^6 \times 127,$$
$$33550336 = 2^{12} \times 8191,$$
$$8589869056 = 2^{16} \times 131071,$$
$$137438691328 = 2^{18} \times 524287,$$
$$2305843008139952128 = 2^{30} \times 2147483647.$$

いずれも「（2の冪）×（奇素数）」の形をしていることがわかります．しかも，奇素数の部分にはさらに法則が見つかります．

$$3 = 2^2 - 1,$$
$$7 = 2^3 - 1,$$
$$31 = 2^5 - 1,$$
$$127 = 2^7 - 1,$$
$$8191 = 2^{13} - 1,$$
$$131071 = 2^{17} - 1,$$
$$524287 = 2^{19} - 1,$$
$$2147483647 = 2^{31} - 1.$$

このような形の素数には名前が付いています．

定義 1.5（OEIS：A000225, A000668）　正整数 n に対して，$M_n := 2^n - 1$ と定義される正整数 M_n のことを**メルセンヌ数**とよぶ．特に，素数であるようなメルセンヌ数を**メルセンヌ素数**という．

命題 1.6（証明は p.14）　M_n がメルセンヌ素数であれば，n は素数である．

p が素数のときに常に M_p が素数となるわけではありません．例えば，$M_{11} = 2^{11} - 1 = 2047 = 23 \times 89$ は素数ではありません．

定義 1.7（OEIS：A000043）　M_p がメルセンヌ素数となるような素数 p のことを**メルセンヌ指数**という．

$p = 2, 3, 5, 7, 13, 17, 19, 31, 61, 89$ はメルセンヌ指数です。実は，先ほど観察した偶数の完全数の満たす法則は偶然ではなく，一般的に成り立ちます。

定理 1.8（証明は p. 14） p をメルセンヌ指数とする。このとき，$2^{p-1}M_p$ は完全数である。逆に，n が偶数の完全数であれば，あるメルセンヌ指数 p が存在して $n = 2^{p-1}M_p$ が成り立つ。

この定理の前半はユークリッドの『原論』に証明が書かれており，後半はオイラーが証明しました。このことから偶数の完全数とメルセンヌ素数は完全に 1 対 1 対応しており，偶数の完全数を見つける問題はメルセンヌ素数を見つける問題に置き換えられます。本書執筆時点でメルセンヌ素数は 51 個見つけられており，その中で一番大きいものは 2018 年に発見された $M_{82589933}$ です。これは十進法で 24862048 桁の素数であり（2 千万桁超え！），知られている最大の素数でもあります。

定理 1.8 を使うと，偶数のサブライム数についてもメルセンヌ指数やメルセンヌ素数を用いた法則があることを証明できます。

定理 1.9（ブラウン，証明は p. 14） p をそれ自身と M_p の両方がメルセンヌ指数となるような素数とし，$q_1, \cdots, q_{p-1}$ を相異なる $p-1$ 個のメルセンヌ指数であって，$M_p - 1 = q_1 + \cdots + q_{p-1}$ が成り立つようなものとする。このとき，$2^{M_p-1}M_{q_1}\cdots M_{q_{p-1}}$ はサブライム数である。もし，奇数の完全数が存在しないのであれば，偶数のサブライム数は上述の形のものしか存在しない。

この定理によって，定理の条件を満たすデータ $(p, \{q_1, \cdots, q_{p-1}\})$ を見つけるごとに偶数のサブライム数が得られますし，新しい偶数のサブライム数を手に入れるには，このようなデータを見つけるしか術がありません（奇数の完全数が見つからない間は）。この知識を基に，知られている 2 つのサブライム数を再発見しましょう。

偶数のサブライム数を得るには「p と M_p がともにメルセンヌ指数」という珍しい素数 p を把握しておく必要があります。このような珍しい素数 p に対する M_{M_p}（定義からこれも素数）を**二重メルセンヌ素数**といいます。そもそもメルセンヌ素数が 51 個しか知られていないため，二重メルセンヌ素数はもっと少ない個数しか知られていないはずですが，実際に知られている二重メルセンヌ素数は以下の 4 つです（OEIS：A077586, A103901）。

$$M_{M_2} = 7,$$
$$M_{M_3} = 127,$$
$$M_{M_5} = 2147483647,$$
$$M_{M_7} = 170141183460469231731687303715884105727.$$

これら4つの二重メルセンヌ素数に基づいてサブライム数を得るには，それぞれについて

$$M_2-1 = 2 = q_1,$$
$$M_3-1 = 6 = q_1+q_2,$$
$$M_5-1 = 30 = q_1+q_2+q_3+q_4,$$
$$M_7-1 = 126 = q_1+q_2+q_3+q_4+q_5+q_6$$

という形の相異なるメルセンヌ指数の和への分解が必要になります．知られているメルセンヌ指数のデータと照らし合わせると，このような分解は M_3-1 と M_5-1 に対しては存在せず，M_2-1 と M_7-1 については

$$2 = 2$$

および

$$126 = 3+5+7+19+31+61 \tag{1.1}$$

という分解が見つかります．よって，前者からはサブライム数

$$2^{M_2-1}M_2 = 2^2(2^2-1) = 12$$

が得られ，後者からはサブライム数

$$2^{M_7-1}M_3M_5M_7M_{19}M_{31}M_{61}$$
$$= 2^{126}(2^3-1)(2^5-1)(2^7-1)(2^{19}-1)(2^{31}-1)(2^{61}-1)$$
$$= 60865556702383789896703717342431696226578307733518859705283248605127916$91264$$

が得られます．以上が2つのサブライム数が得られるカラクリだったのです！

　サブライム数という概念をせっかく導入しても1つも存在しなければ少し悲しいですが，最も親しみのある完全数である6と28から，12という小さなサブライム数が得られるのは，12に対して新たな愛着が生まれて嬉しいです．そして，奇跡的な等式 (1.1) が成り立つことによって，76桁の非自明なサブライム数が存在することもとても面白いです．

　同じ方法で新しいサブライム数を見つけるためには二重メルセンヌ素数を新たに発見することが必須ですが，実は二重メルセンヌ素数の最初の4つの候補がすべて素数になっていたのは偶然で，続く $M_{M_{13}}, M_{M_{17}}, M_{M_{19}}, M_{M_{31}}$ が素数でないことは既に示されています．まだ素数かどうか確定していない最小の候補は $M_{M_{61}}$ ですが，この数はなんと約69京桁という大きさ．というわけで，生きている間に3つ目のサブライム数にお目にかかれるかは期待薄？

補足説明

定義 1.10 正整数 n に対して，$\tau(n)$ を $\tau(n) :=$「n の正の約数の個数」で定義し，$\sigma(n)$ を $\sigma(n) :=$「n の正の約数の総和」で定義する．

これらの関数を用いると

$$
\begin{aligned}
n : \text{不足数} &\iff \sigma(n) < 2n, \\
n : \text{完全数} &\iff \sigma(n) = 2n, \\
n : \text{過剰数} &\iff \sigma(n) > 2n
\end{aligned}
\tag{1.2}
$$

および

$$
n : \text{サブライム数} \iff \sigma(\tau(n)) = 2\tau(n) \text{ かつ } \sigma(\sigma(n)) = 2\sigma(n)
$$

がわかります．

関数 $\sigma(n)$ について，次の性質は基本的です．

命題 1.11（$\sigma(n)$ の乗法性） m と n が互いに素な正整数であるとき，$\sigma(mn) = \sigma(m)\sigma(n)$ が成り立つ．

証明 正整数 n が $n = \prod_{p|n} p^{e_p}$ と素因数分解されているとき，

$$
\sigma(n) = \prod_{p|n} \frac{p^{e_p+1}-1}{p-1}
\tag{1.3}
$$

という明示公式が成り立つ．これは

$$
\prod_{p|n} \frac{p^{e_p+1}-1}{p-1} = \prod_{p|n} (1 + p + p^2 + \cdots + p^{e_p})
$$

を展開すると n の正の約数がちょうど 1 つずつ現れることからわかる．この明示公式から $\sigma(n)$ の乗法性が従う． $\qquad\square$

命題 1.2 の証明 n を過剰数または完全数とし，k を 2 以上の整数とする．このとき，kn は過剰数である．実際，n の任意の正の約数 d について，kd は 1 より大きい kn の約数であることから，$\sigma(kn) \geqq k\sigma(n)+1 > k\sigma(n)$ が成り立ち，仮定から $\sigma(n) \geqq 2n$ なので，$\sigma(kn) > 2 \cdot (kn)$ となって，kn は過剰数である．このようにして得られる過剰数はもちろん無限に存在する． $\qquad\square$

他の過剰数や完全数の倍数ではないような過剰数のことを**原始過剰数**といいます（OEIS：A071395）．言い換えると，自分自身を除く正の約数がすべて不足数であるような過剰数のことです．原始過剰数についてこれ以上詳しくは述べないので，興味のある読者は調べてみてください（cf. [D, E]）．

命題 1.6 の証明 対偶を証明する．n が素数でないと仮定する．$M_1 = 1$ は素数ではないので，$n > 1$ としてよい．すると，$1 < a, b < n$ を満たす整数 a, b を用いて $n = ab$ と表すことができる．このとき，

$$M_n = (2^a)^b - 1 = (2^a - 1)((2^a)^{b-1} + (2^a)^{b-2} + \cdots + 2^a + 1)$$

と M_n は因数分解され，$2^a - 1 > 1$，$(2^a)^{b-1} + (2^a)^{b-2} + \cdots + 2^a + 1 > 1$ なので，M_n は合成数である． □

定理 1.8 の証明 p がメルセンヌ指数であるとき，M_p は奇素数なので，命題 1.11 より

$$\sigma(2^{p-1} M_p) = \sigma(2^{p-1})\sigma(M_p) = (2^p - 1) \cdot 2^p = 2(2^{p-1} M_p)$$

となって，$2^{p-1} M_p$ が完全数であることがわかる．

逆に，n を偶数の完全数としよう．n が偶数であることから，正整数 e および奇数 m が存在して，$n = 2^e m$ と表すことができる．n が完全数であることと命題 1.11 から

$$2^{e+1} m = 2n = \sigma(n) = \sigma(2^e)\sigma(m) = (2^{e+1} - 1)\sigma(m)$$

が成り立つので，

$$\sigma(m) = \frac{2^{e+1} m}{2^{e+1} - 1} = m + \frac{m}{2^{e+1} - 1}$$

が得られる．$\sigma(m) - m$ は整数なので，$m/(2^{e+1} - 1)$ も整数でなければならない．その整数を d とすると $m = (2^{e+1} - 1)d$ が成り立つので，d は m の正の約数である（$d < m$）．$\sigma(m) = m + d$ という等式は「m の正の約数の総和 $= m + d$」ということであるが，m も d も m の正の約数なのであるから，これは「m の正の約数は m と d のちょうど 2 個である」ということを意味している．しかし，そのような状況は m が素数であり，かつ $d = 1$ という場合しかあり得ない．よって，$m = 2^{e+1} - 1 = M_{e+1}$ は素数であり，命題 1.6 から $p := e + 1$ は素数でなければならない（p はメルセンヌ指数）．そうして，$n = 2^{p-1} M_p$ となる． □

定理 1.9 の証明 まず前半を示す．$n := 2^{M_p - 1} M_{q_1} \cdots M_{q_{p-1}}$ を主張に書かれているとおりのサブライム数の候補とする．このとき，$\tau(n) = 2^{p-1} M_p$ および

$$\begin{aligned}
\sigma(n) &= \sigma(2^{M_p - 1})\sigma(M_{q_1}) \cdots \sigma(M_{q_{p-1}}) \\
&= (2^{M_p} - 1)(1 + M_{q_1}) \cdots (1 + M_{q_{p-1}}) \\
&= (2^{M_p} - 1) \cdot 2^{q_1 + \cdots + q_{p-1}} = 2^{M_p - 1} M_{M_p}
\end{aligned}$$

と計算される．p および M_p がメルセンヌ指数であるという仮定から，定理 1.8 によって $\tau(n)$ と $\sigma(n)$ はともに完全数であり，したがって n はサブライム数である．

次に，後半を示すために「奇数の完全数は存在しない」と仮定し，n を偶数のサブライム数とする．n は偶数であるため，正整数 e および奇数 m が存在して，$n = 2^e m$ と

表すことができる．n はサブライム数であり奇数の完全数は存在しないと仮定されているので，$\sigma(n)$ は偶数の完全数である．よって，定理 1.8 より，あるメルセンヌ指数 q が存在して，$\sigma(n) = 2^{q-1}M_q$ と書ける．

$$\sigma(n) = \sigma(2^e m) = \sigma(2^e)\sigma(m) = (2^{e+1}-1)\sigma(m)$$

の奇数の素因数が M_q しかないことから，$2^{e+1}-1 = M_q$，すなわち $e = q-1$ であることがわかる．また，$\sigma(m) = 2^{q-1}$ であり，特に $m > 1$ である．さて，ℓ を奇素数とし，m が ℓ^d でちょうど割り切れると仮定しよう（d は正整数）．このとき，$\sigma(m) = 2^{q-1}$ の約数

$$\sigma(\ell^d) = 1+\ell+\cdots+\ell^d > 1$$

は 2 の冪でなければならない．特に，d は奇数でなければならないため，$d = 2t+1$ とおく．すると，

$$\sigma(\ell^d) = (1+\ell)(1+\ell^2+\ell^4+\cdots+\ell^{2t})$$

を得る．もし $t \geqq 1$ であれば $1+\ell^2+\cdots+\ell^{2t}$ は偶数である必要があり，t は奇数で $t = 2s+1$ とおくことができる．このとき，

$$\sigma(\ell^d) = (1+\ell)(1+\ell^2)(1+\ell^4+\ell^8+\cdots+\ell^{4s})$$

において，$1+\ell$ と $1+\ell^2$ がともに 2 の冪でなければならない．しかし，$1+\ell = 2^u$ $(u \geqq 2)$ であれば，

$$1+\ell^2 = 1+(2^u-1)^2 = 2(2^{2u-1}-2^u+1)$$

は 2 の冪にはなり得ない．したがって，$t = 0$，すなわち $d = 1$ でなければならないことがわかった．また，$\sigma(\ell) = 1+\ell > 1$ が 2^{q-1} の約数であることから，ℓ はメルセンヌ素数である．以上により，相異なるメルセンヌ指数 $q_1, \cdots, q_v$ が存在して（$v \geqq 1$），$m = M_{q_1}\cdots M_{q_v}$ と書ける．このとき，

$$\sigma(m) = (1+M_{q_1})\cdots(1+M_{q_v}) = 2^{q_1+\cdots+q_v}$$

であるが，これが 2^{q-1} に等しいため，$q-1 = q_1+\cdots+q_v$ が成り立つ．$\tau(n)$ も偶数の完全数であると仮定されているので，あるメルセンヌ指数 p が存在して

$$2^{p-1}M_p = \tau(n) = \tau(2^{q-1}M_{q_1}\cdots M_{q_v}) = 2^v q$$

でなければならない．よって，$v = p-1$ および $q = M_p$ が成り立ち，確認すべきことはすべて示されている． $\square$

命題 1.3 の証明も紹介しますが，その前に奇数の完全数に関する命題を 1 つ証明しておきます．

命題 1.12 n が奇数の完全数であるならば，ある素数 q とある正整数 e, m が存在して，q と m は互いに素で，$q \equiv e \equiv 1 \pmod{4}$ および $n = q^e m^2$ が成り立つ．

証明 $n = \prod_{p|n} p^{e_p}$ を n の素因数分解とすると，n が完全数であることから

$$2n = \sigma(n) = \prod_{p|n} \sigma(p^{e_p})$$

が成り立つ．n が奇数なので，n の素因数 p の中に 1 つだけ $\sigma(p^{e_p})$ が単偶数（4 の倍数ではないような偶数）であるものがあり（以下，それを q とし，$e := e_q$ とおく），それ以外の素因数 p については $\sigma(p^{e_p})$ は奇数でなければならない．p を q と異なる n の素因数とするとき，

$$\sigma(p^{e_p}) = 1 + p + p^2 + \cdots + p^{e_p}$$

が奇数であることから，e_p は偶数である．よって，n/q^e は平方数であり，m の存在がわかった．同様の議論により，e は奇数である．もし，$q \equiv 3 \pmod 4$ であれば，

$$\sigma(q^e) \equiv 1 + 3 + 1 + 3 + \cdots + 1 + 3 \equiv 0 \pmod 4$$

となって $\sigma(q^e)$ が単偶数であることに矛盾するので，$q \equiv 1 \pmod 4$ である．また，もし $e \equiv 3 \pmod 4$ とすると，

$$\sigma(q^e) \equiv 1 + e \equiv 0 \pmod 4$$

となって，やはり矛盾するので，$e \equiv 1 \pmod 4$ である． □

命題 1.3 の証明 定理 1.8 より x 以下の偶数の完全数の個数は $2^{p-1}M_p \leqq x$ を満たすメルセンヌ指数 p の個数に等しく，そのような p は $4^{p-1} \leqq x$ を満たすので，$O(\log x)$ しかない．

よって，後は奇数の完全数の個数を上から評価すればよい．n を x 以下の奇数の完全数とし，$n = q^e m^2$ を命題 1.12 の表示とすると，$m \leqq \sqrt{x}$ が成り立つ．したがって，$q^e m^2$ が完全数となるような q^e が m から一意的に決まればよい．どんな奇数の完全数 $n = q^e m^2$ についても

$$2 = \frac{\sigma(n)}{n} = \frac{\sigma(q^e)}{q^e} \cdot \frac{\sigma(m^2)}{m^2}$$

より，

$$\frac{2m^2}{\sigma(m^2)} = \frac{1 + q + q^2 + \cdots + q^e}{q^e}$$

が成り立つ．左辺は m のみに依存し，右辺は既約分数表示になっているので，所望の一意性が従う．

以上により証明が完了する（し，アーベルの総和公式を用いれば完全数の逆数の総和が収束することも従う）． □

研究課題

課題 1.1 メルセンヌ素数は無限に存在するか.

課題 1.2 奇数の完全数は存在するか.

課題 1.3 3つ目のサブライム数は存在するか.

課題 1.4 奇数のサブライム数は存在するか.

●参考文献

［D］ L. E. Dickson, *Finiteness of the odd perfect and primitive abundant numbers with n distinct prime factors*, Amer. J. Math. **35** (1913), 413-422.

［E］ P. Erdős, *On the density of the abundant numbers*, J. London Math. Soc. **9** (1934), 278-282.

［K］ M. Kobayashi, *On the density of abundant numbers*, Ph.D. thesis, Dartmouth College, 2010.

第2話
ロビンの定理

そこに
いるよ

ピコッ

そんな
位置ゲー
あったっ
け…？

LINEで
聞いたの

ロビンの定理を
知ってるかしら？

えっ

ロビンマスクの
鎧を奪えば重くなって
落下が速くなる的な？

博識！

違うわ

リーマン予想の
初等的な言い換えとして
知られているのが
ロビンの定理よ

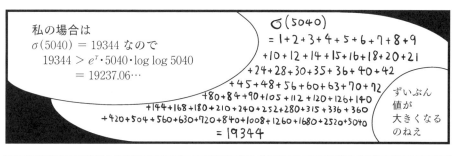

数学的解説

　リーマンゼータ関数とよばれる有名な関数があります．それは複素平面上の有理型
関数で，変数を表す記号には s が用いられることが多く，関数そのものは $\zeta(s)$ と書か
れます．極は $s = 1$ のみであり（1位），$s \neq 1$ で $\zeta(s)$ は正則です．$\zeta(s)$ の定義や性質
を理解するには複素関数論を学んでいる必要があるため，本書では紹介しません（参
考書として松本[M]をあげておきます）．$\mathrm{Re}(s) > 1$（$\mathrm{Re}(s)$ は複素数 s の実部を表す）
の場合は単純な級数表示を持ちます（この級数は広義一様絶対収束します）：

$$\zeta(s) = \sum_{n=1}^{\infty} \frac{1}{n^s}. \tag{2.1}$$

この関数が重要である1つの理由は，オイラー積表示とよばれる公式

$$\zeta(s) = \prod_{p \in \wp} \frac{1}{1 - p^{-s}} \qquad (\mathrm{Re}(s) > 1)$$

によって素数と結びつき，「$\zeta(s)$ を関数論的に調べることによって，素数のことがわ
かる」という研究の道が拓かれたからです．

　$\zeta(s) = 0$ が成り立つような複素数 s のことを，リーマンゼータ関数の零点といいま
す．負の偶数 $s = -2, -4, -6, \cdots$ がリーマンゼータ関数の零点であること，および
「$\mathrm{Re}(s) < 0$ または $\mathrm{Re}(s) > 1$」の範囲にはこれらしか零点がないことは比較的簡単に
確かめられるため，$s = -2, -4, -6, \cdots$ のことをリーマンゼータ関数の**自明な零点**と
よび，$0 \leqq \mathrm{Re}(s) \leqq 1$ の範囲にある零点のことはリーマンゼータ関数の**非自明な零点**
とよぶ慣習があります．

　リーマンゼータ関数を用いて素数のことを調べるには，リーマンゼータ関数の零点
がどのように分布しているかを知ることが重要になります．非自明な零点には例えば

$$\frac{1}{2} + i \cdot 14.134725141734 \cdots$$

などがありますが，リーマンは論文[Ri]において，次の法則が成り立つことは非常に
確からしいと述べました．これが有名な**リーマン予想**です．

　予想 2.1（リーマン予想）　リーマンゼータ関数の非自明な零点の実部は $1/2$ である．

　この予想は1900年に「ヒルベルトの23の問題」の第8問題に選ばれましたが，100
年を経ても解決されず，2000年にはミレニアム懸賞問題に選ばれました（クレイ数学
研究所，懸賞金は100万ドル）．

　ハーディが1914年に実部が $1/2$ であるようなリーマンゼータ関数の零点が無限に
存在することを証明しました（[H]）．他にもさまざまな関連する研究成果が得られて

いますが，リーマン予想そのものは本書執筆時点で解決されていません．

　素数のことを調べるにはリーマンゼータ関数の零点を知ることが重要であると先ほど述べましたが，無限にある非自明な零点の実部がなぜかすべて $1/2$ であるという非常に見事な法則は，素数分布の言葉にうまく書き換えられることが知られています．ここでは，有名なフォン・コッホの定理（[vK]）のシェーンフェルドによる精密化（[S]）を述べます．

　定理* 2.2　リーマン予想と「$x \geq 2657$ に対して

$$|(x\,以下の素数の個数)-\mathrm{li}(x)| < \frac{\sqrt{x}\log x}{8\pi}$$

が成立すること」は同値である．ここで，$\mathrm{li}(x)$ は

$$\mathrm{li}(x) := \lim_{\varepsilon \to +0}\left(\int_0^{1-\varepsilon}\frac{\mathrm{d}t}{\log t}+\int_{1+\varepsilon}^x\frac{\mathrm{d}t}{\log t}\right)$$

で定義される（対数積分）．

　上記不等式は，既に証明されている素数定理

$$\lim_{x \to \infty}\frac{x\,以下の素数の個数}{\mathrm{li}(x)} = 1$$

の精密化を与えます．素数定理は x 以下の素数の個数が大体 $\mathrm{li}(x)$（= 主要項）であるという内容ですが，リーマン予想はそれらの差の絶対値（= 誤差項）について詳しい情報（シャープな評価）を与えてくれるのです．

　このように，リーマン予想は本来の主張そのものが単純で美しい法則を予言しており，素数分布の法則としても単純な形に言い換えることができ，ミレニアム懸賞問題にも選ばれていて話題になることの多い，数学の中でも特に有名な問題です．その名を一度でも聞いたことがあるという人はとても多いことでしょう．

　そんな有名で名高いリーマン予想ですが，実はリーマンゼータ関数や素数分布と関係しているとは即座にはわからないような意外な同値命題がいくつか知られています．ここで紹介するロビンの定理は，そのような同値命題の代表格です．その主張を述べる前に少し準備をしましょう．

　定義2.3　n を正整数とする．このとき，**第 n 調和数 H_n** を

$$H_n := \sum_{k=1}^n \frac{1}{k}$$

と定義する[1]．

1）オアの調和数（OEIS：A001599）とよばれる別の概念があるので，混同しないように注意してください．

$$\lim_{n \to \infty} \frac{H_n}{\log n} = 1$$ ですが，H_n と $\log n$ の差の極限は非自明な値に収束します：

定義 2.4　オイラーの定数[2] γ を

$$\gamma := \lim_{n \to \infty} (H_n - \log n) = 0.57721\cdots$$

で定義する[3].

第 1 話にも登場した約数の総和関数 $\sigma(n)$（定義 1.10）を思い出せば，準備は完了です．次が，ロビンの定理です．

定理* 2.5（ロビン[Ro]）　リーマン予想と「任意の整数 $n \geqq 5041$ に対して不等式

$$\sigma(n) < e^\gamma n \log \log n \tag{2.2}$$

が成立すること」は同値である．ここで，e はネイピア数である．

リーマン予想が $\sigma(n)$ に関するこのような単純な不等式と同値であるとは驚きです．こんな単純に見える不等式がリーマンゼータ関数や素数の分布に関する深い法則と結びついているということは，俄には信じられません．

リーマン予想が正しければ，5040 は $\sigma(n) \geqq e^\gamma n \log \log n$ を満たす最大の整数 n という特徴を持つことになります（し，5040 がこの特徴を持てばリーマン予想が成り立ちます）．$\sigma(n) \geqq e^\gamma n \log \log n$ を満たす正整数 n は OEIS：A067698 にまとめられており，例えば $n = 12$ もこの不等式を満たします．

なお，ラマヌジャンは 1915 年にリーマン予想の仮定のもと，十分大きい整数 n に対して不等式(2.2)が成り立つことを示していたそうです（[Ra]）．つまり，ロビンはラマヌジャンの結果の精密化を与えたということになります（逆方向にこそ驚きがある気もするので，単なる精密化と評することはできません）．漫画にチラッと登場した高度合成数は，同じく 1915 年にラマヌジャンによって次のように定義されました．

定義 2.6（OEIS：A002182）　正整数 n が**高度合成数**であるとは，n より小さい任意の正整数 m に対して，「m の正の約数の個数」＜「n の正の約数の個数」が成り立つことをいう．

定義 1.10 の記号 $\tau(n)$ を用いると，定義の条件を「$m < n \implies \tau(m) < \tau(n)$」と表現することができます．12 や 5040 は，ともに高度合成数です．n が高度合成数であるとき，$\tau(n) < \tau(2n)$ であることに注意して，$\tau(n) < \tau(l)$ が成り立つ n より大きい最小の整数を l とすると，l も高度合成数で $l \leqq 2n$ がわかります．特に，高度合成数

2）**オイラー–マスケローニ定数**ともよばれます.
3）この極限値が存在することは要証明事項ですが，本書では証明は省略します.

は無限に存在します.

補足説明

ロビンの定理以外に，リーマン予想と同値な初等的命題を4つ紹介します．まずはロビンの仕事を基にして得られた同値命題を2つ紹介します．

定理* 2.7（ラガリアス[L]）　リーマン予想と「任意の正整数 n に対して不等式
$$\sigma(n) \leqq H_n + e^{H_n} \log H_n \qquad (\text{等号成立は } n = 1)$$
が成立すること」は同値である.

ロビンの不等式(2.2)と比較すると，オイラーの定数が現れず，代わりに有理数である調和数が現れていることと，不等式の成立範囲が任意の正整数になっていることが特徴的です．この観点で，ロビンの定理よりも単純な形のリーマン予想と同値な命題をラガリアスは見出したと考えることができますが，特徴的な整数に出会いたいという立場からすると，5040や5041という整数の特別性を感じられたロビンの定理と比較してなんだか物足りなさを感じなくもないです（※個人の感想です）.

ロビンの定理に関係するもう1つの同値命題は「約数の総和関数に関する1つの不等式」からは見かけが離れた形で主張されます．それを紹介するために2つ定義を行います.

定義 2.8（グロンウォールの関数）　2以上の整数 n に対して，$G(n)$ を
$$G(n) := \frac{\sigma(n)}{n \log \log n}$$
で定義する.

上極限の公式 $\limsup\limits_{n \to \infty} G(n) = e^\gamma$ がグロンウォールの定理であり，ロビンの不等式は $G(n) < e^\gamma$ と表すことができます．次に，グロンウォールの関数に対してある種の極大性を満たす整数に名前を与えます.

定義 2.9　以下の2条件を満たす合成数 n を**異常数**という：
（1）　n の任意の素因数 p に対して，$G(n) \geqq G(n/p)$ が成り立つ.
（2）　n の任意の正の倍数 m に対して，$G(n) \geqq G(m)$ が成り立つ.

このとき，最小の合成数である4は異常数であることが証明されています．そして，異常数という概念を用いて，次のようなリーマン予想の同値命題が成り立ちます.

定理* 2.10（キャベニー-ニコラス-サンドゥ[CNS]） リーマン予想と「異常数は4しか存在しないこと」は同値である.

リーマン予想を「整数4の特別性」として表現できており，整数好きにはたまらない同値形と言えるでしょう.

さまざまな同値表現を持つリーマン予想ですが，なんと「1つの積分値の計算」として表現することもできます.

定理* 2.11（ヴォルチコフ[V]） リーマン予想と「積分の等式

$$\int_0^\infty \int_{\frac{1}{2}}^\infty \frac{1-12t^2}{(1+4t^2)^3} \log|\zeta(\sigma+it)| \mathrm{d}\sigma\mathrm{d}t = \frac{\pi(3-\gamma)}{32}$$

が成立すること」は同値である. ここで，i は虚数単位を表す.

ヴォルチコフの積分にもオイラーの定数が現れましたが，最後に紹介するリーマン予想の同値命題は「オイラーの定数の一般化を（無限に）定義し，それらに関する不等式関係」として定式化されます.

$\Omega \subset \mathscr{P}$ を素数からなる有限集合とし，Ω のすべての元と互いに素な正整数全体の集合を $\mathbb{N}(\Omega)$ としましょう. このとき，$\mathbb{N}(\Omega)$ 版の一般化されたオイラー定数 $\gamma(\Omega)$ がダイアモンド-フォードによって定義されました. まず，関数 $1_\Omega : \mathbb{Z}_{>0} \to \{0,1\}$ を

$$1_\Omega(k) := \begin{cases} 1 & (\gcd(k,\omega)=1) \\ 0 & (\gcd(k,\omega)>1) \end{cases}$$

で定めます. ここで，$\gcd(a,b)$ は整数 a,b の最大公約数を表すこととし，$\omega := \prod_{p\in\Omega} p$ とします. このとき，極限値

$$\delta_\Omega := \lim_{n\to\infty} \frac{1}{n}\sum_{k=1}^n 1_\Omega(k)$$

が存在し（$\mathbb{N}(\Omega)$ の自然密度），簡単な計算により

$$\delta_\Omega = \prod_{p\in\Omega}\left(1-\frac{1}{p}\right) \tag{2.3}$$

がわかります. また，$\mathbb{N}(\Omega)$ 版の第 n 調和数を

$$H_n(\Omega) := \sum_{k=1}^n \frac{1_\Omega(k)}{k}$$

で定めます. このとき，いわゆる対数密度と自然密度の関係として，$\lim_{n\to\infty} \frac{H_n(\Omega)}{\log n} = \delta_\Omega$ が成り立ちますが，$\mathbb{N}(\Omega)$ 版の一般化されたオイラー定数が差の極限として定義されます.

定義 2.12 $\mathscr{P}$ の有限部分集合 Ω に対して，**一般化されたオイラー定数** $\gamma(\Omega)$ を

$$\gamma(\Omega) := \lim_{n \to \infty} \left(H_n(\Omega) - \delta_\Omega \log n \right)$$

と定義する．特に，$\gamma(\emptyset) = \gamma$ である．

上記極限が存在することは後で示す命題 2.21 の証明からわかります．ダイアモンド-フォードは一般化されたオイラー定数の分布に関する研究を行いましたが，次のようなリーマン予想と同値な命題も証明しています．

定理* 2.13（ダイアモンド-フォード[DF]）　リーマン予想と「任意の正整数 k に対して不等式

$$\gamma(\Omega_k) > e^{-\gamma}$$

が成立すること」は同値である．ここで，Ω_k は小さい順に数えて最初の k 個の素数からなる集合とする．例：$\Omega_4 = \{2, 3, 5, 7\}$．

ロビンの定理と比較すると，ここには約数の総和関数は現れず，「オイラー定数たちの関係性」としてリーマン予想が記述されているのが面白いです．

リーマン予想の同値命題ツアーは以上で終わりですが，オイラーの定数や一般化されたオイラー定数の数論的性質について本節の最後に少し言及しようと思います．オイラーの定数 γ は超越数であると予想されているのですが，未解決です．ここで，代数的数と超越数の定義を述べておきましょう．

定義 2.14　整数係数の 0 でない多項式の根となるような複素数を**代数的数**といい，代数的数全体の集合を $\overline{\mathbb{Q}} \subset \mathbb{C}$ で表す．代数的数ではない複素数を**超越数**という．

γ の超越性はとても難しい問題であると思われており，それどころか γ が無理数であることすら未解決なのが現状です．一般化されたオイラー定数 $\gamma(\Omega)$ についてもその超越性は未解決問題です．それにも関わらず，初めて見るとギョッとするような，次の定理が証明されています．

定理 2.15（ラム・マーティ-ザイツェバ[MZ]）　$\mathfrak{P}_{\mathrm{fin}}(\mathcal{P})$ を $\mathcal{P}$ の有限部分集合全体の集合とする．このとき，集合

$$\{ \gamma(\Omega) \mid \Omega \in \mathfrak{P}_{\mathrm{fin}}(\mathcal{P}) \}$$

に属する元は高々 1 つの例外を除いてすべて超越数である．

$\gamma(\emptyset) = \gamma$ も含めて[4]，一般化されたオイラー定数をすべて考えたときに，超越数で

4）空和は 0，空積は 1 と考えることによって，以下の $\gamma(\Omega)$ に関する種々の議論は $\Omega = \emptyset$ の場合も成立していることがわかります．

あることが確定しているものは1つもありません. にも関わらず, 仮にそれらの中に代数的数があるとしても, それは多くとも1つであるということが証明されているというのです!

この定理の証明には, フィールズ賞を受賞したアラン・ベイカーによる不朽の定理を用います.

定理* 2.16(ベイカー[B]) n を正整数とし, $\alpha_1, \cdots, \alpha_n$ を0でない代数的数とする. このとき, $\log \alpha_1, \cdots, \log \alpha_n$ が $\mathbb{Q}$ 上一次独立であれば, $1, \log \alpha_1, \cdots, \log \alpha_n$ は $\overline{\mathbb{Q}}$ 上一次独立である.

ここで, n 個ある log については任意の枝で成立し, それぞれの枝の選択は一致している必要はありません[5]. この定理はヒルベルトの23の問題の第7問題(ゲルフォント−シュナイダーの定理として解決)の一般化となっており, 山のように超越数を生み出します. 例えば $2^{\sqrt{2}} 3^{\sqrt{3}} 5^{\sqrt{5}} 7^{\sqrt{7}}$ が超越数であることが従います. 定理 2.15 の証明には次の系を利用します.

系 2.17 n を正整数とし, $\alpha_1, \cdots, \alpha_n$ を0でない代数的数, $\beta_1, \cdots, \beta_n$ を代数的数とする. このとき,

$$\beta_1 \log \alpha_1 + \cdots + \beta_n \log \alpha_n$$

は0であるか, 超越数であるかのいずれか一方が成り立つ.

証明 n に関する帰納法で証明する. $n=1$ の場合はベイカーの定理から即座に従う. $n \geqq 2$ とし, $n-1$ の場合に主張が成立すると仮定し, n の場合を証明する. 主張における $\alpha_1, \cdots, \alpha_n, \beta_1, \cdots, \beta_n$ を考え,

$$\Lambda := \beta_1 \log \alpha_1 + \cdots + \beta_n \log \alpha_n \neq 0$$

と仮定し, Λ が超越数であることを示せばよい. もし, $\log \alpha_1, \cdots, \log \alpha_n$ が $\mathbb{Q}$ 上一次独立であれば, ベイカーの定理によって $1, \log \alpha_1, \cdots, \log \alpha_n$ は $\overline{\mathbb{Q}}$ 上一次独立なので, Λ は超越数でなければならない. よって, $\log \alpha_1, \cdots, \log \alpha_n$ は $\mathbb{Q}$ 上一次従属であると仮定してよく, 適当に順番を入れ替えることによって, $\log \alpha_n$ が $\log \alpha_1, \cdots, \log \alpha_{n-1}$ の生成する $\mathbb{Q}$ 上の線形空間に属すると仮定しても一般性を失わない. すると, $\Lambda \neq 0$ は $\log \alpha_1, \cdots, \log \alpha_{n-1}$ の生成する $\overline{\mathbb{Q}}$ 上の線形空間に属することになって, 帰納法の仮定により, それは超越数である. □

---

5) 各 $\log \alpha_j = \log |\alpha_j| + i \arg \alpha_j$ において, 偏角 $\arg \alpha_j$ は 2π の整数倍だけ異なる値を無限に選ぶことができますが, そのどれを選んでもよく, 選んだ $\arg \alpha_1, \cdots, \arg \alpha_n$ の値が $(-\pi, \pi]$ のような長さ 2π の1つの区間に収まっている必要はないということです.

例えば, $n = 2$, $\alpha_1 = -1$, $\alpha_2 = 2$, $\beta_1 = i$, $\beta_2 = 1$ とすれば,
$$\pi + \log 2 = i \log(-1) + \log 2 \neq 0$$
が超越数であることがわかります.

　目標定理を証明するために, 数論的関数に関する若干の準備が必要です.

　定義 2.18（メビウス関数）　関数 $\mu: \mathbb{Z}_{>0} \to \{0, \pm1\}$ を $\mu(1) := 1$ および, n が 1 より大きい平方因子[6] を持つ場合は $\mu(n) := 0$, n が相異なる k 個の素数の積の場合は $\mu(n) := (-1)^k$ で定義する.

　メビウス関数については次が基本的です（証明は初等整数論の大抵の教科書に載っていますし, 演習問題として取り組むのもよいでしょう）.

　命題 2.19　正整数 n について, n の正の約数におけるメビウス関数の値の総和は
$$\sum_{d|n} \mu(d) = \begin{cases} 1 & (n = 1) \\ 0 & (n > 1) \end{cases}$$
と計算される. また, 関数 $f, g: \mathbb{Z}_{>0} \to \mathbb{C}$ が
$$g(n) = \sum_{d|n} f(d)$$
という関係で結びついているとき,
$$f(n) = \sum_{d|n} \mu(d) g\left(\frac{n}{d}\right)$$
が成り立つ（メビウスの反転公式）.

　次のフォン・マンゴルト関数は素数の研究において主役級に大切な関数です.

　定義 2.20（フォン・マンゴルト関数）　関数 $\Lambda: \mathbb{Z}_{>0} \to \mathbb{C}$ を
$$\Lambda(n) := \begin{cases} \log p & (n \text{ が素数 } p \text{ の正整数乗に等しいとき}) \\ 0 & (\text{それ以外}) \end{cases}$$
で定義する.

　定義から $\log n = \sum_{d|n} \Lambda(d)$ を簡単に確かめられるので, メビウスの反転公式により
$$\Lambda(n) = \sum_{d|n} \mu(d) \log \frac{n}{d} = \log n \sum_{d|n} \mu(d) - \sum_{d|n} \mu(d) \log d = -\sum_{d|n} \mu(d) \log d$$
と計算でき, もう一度反転すると
$$-\mu(n) \log n = \sum_{d|n} \mu\left(\frac{n}{d}\right) \Lambda(d) \tag{2.4}$$
が得られます.

6）m が正整数で, m^2 が n の約数であるとき, m^2 を n の**平方因子**とよびます.

命題 2.21 $\mathcal{P}$ の有限部分集合 Ω に対して,

$$\gamma(\Omega) = \delta_\Omega \cdot \left(\gamma + \sum_{p \in \Omega} \frac{\log p}{p-1} \right)$$

が成り立つ.

証明 命題 2.19 の前半の式により

$$H_n(\Omega) = \sum_{k=1}^{n} \left(\frac{1}{k} \sum_{d \mid \gcd(k,\omega)} \mu(d) \right) = \sum_{d \mid \omega} \left(\frac{\mu(d)}{d} \sum_{m \leq \frac{n}{d}} \frac{1}{m} \right)$$

と計算できる. ここで, 解析学で標準的な公式(アーベルの総和公式から導出可能)

$$\sum_{n \leq x} \frac{1}{n} = \log x + \gamma + O(x^{-1}) \qquad (x \geq 1)$$

より, (2.3)からわかる $\delta_\Omega = \sum_{d \mid \omega} \frac{\mu(d)}{d}$ と合わせて

$$H_n(\Omega) = \sum_{d \mid \omega} \frac{\mu(d)}{d} \left(\log \frac{n}{d} + \gamma + O\left(\frac{d}{n} \right) \right)$$

$$= \delta_\Omega \log n - \sum_{d \mid \omega} \frac{\mu(d) \log d}{d} + \delta_\Omega \gamma + O(n^{-1})$$

と計算できる(後者のビッグ・オー定数は $\#\Omega$ 依存). よって,

$$\gamma(\Omega) = \lim_{n \to \infty} (H_n(\Omega) - \delta_\Omega \log n) = \delta_\Omega \gamma - \sum_{d \mid \omega} \frac{\mu(d) \log d}{d}$$

が得られた. (2.4)より

$$-\sum_{d \mid \omega} \frac{\mu(d) \log d}{d} = \sum_{d \mid \omega} \left(\frac{1}{d} \sum_{d' \mid d} \mu\left(\frac{d}{d'} \right) \Lambda(d') \right) = \sum_{n \mid \omega} \sum_{m \mid \frac{\omega}{n}} \frac{\mu(m) \Lambda(n)}{mn}$$

$$= \sum_{p \in \Omega} \left(\frac{\log p}{p} \sum_{m \mid \frac{\omega}{p}} \frac{\mu(m)}{m} \right)$$

であり,

$$\sum_{m \mid \frac{\omega}{p}} \frac{\mu(m)}{m} = \delta_{\Omega \setminus \{p\}} = \left(1 - \frac{1}{p} \right)^{-1} \delta_\Omega$$

に注意すれば, 証明が完了する. $\square$

定理 2.15 の証明 Ω_1, Ω_2 を $\mathfrak{P}_{\mathrm{fin}}(\mathcal{P})$ に属する相異なる 2 元とする. $\gamma(\Omega_1), \gamma(\Omega_2) \in \overline{\mathbb{Q}}$ を仮定して, 矛盾を導けばよい. この仮定のもと,

$$\delta_{\Omega_2} \gamma(\Omega_1) - \delta_{\Omega_1} \gamma(\Omega_2) \in \overline{\mathbb{Q}}$$

が成り立つ. よって, 命題 2.21 より

$$\sum_{p \in \Omega_1} \frac{\log p}{p-1} - \sum_{p \in \Omega_2} \frac{\log p}{p-1} \in \overline{\mathbb{Q}}$$

が得られ, これは $\log p$ たちの $\mathbb{Q}$ 係数 1 次形式であるから, 系 2.17 より 0 でなければ

ならない. よって,

$$\sum_{p\in\Omega_1} \frac{\log p}{p-1} = \sum_{p\in\Omega_2} \frac{\log p}{p-1}. \tag{2.5}$$

D を $\{p-1 \mid p \in \Omega_1 \cup \Omega_2\}$ に属する元たちの最小公倍数とすると，等式

$$\prod_{p\in\Omega_1} p^{\frac{D}{p-1}} = \prod_{p\in\Omega_2} p^{\frac{D}{p-1}}$$

が得られるが，$\Omega_1 \neq \Omega_2$ であったので，これは素因数分解の一意性に反する. □

研究課題

課題 2.1 オイラーの定数 γ は無理数か. また，超越数か.

課題 2.2 リーマン予想と同値な命題を新しく発見せよ.

●参考文献

［B］ A. Baker, *Transcendental Number Theory*, Cambridge University Press, 1990.

［CNS］ G. Caveney, J.-L. Nicolas, J. Sondow, *Robin's theorem, primes, and a new elementary reformulation of the Riemann hypothesis*, Integers **11**, A33 (2011), 10 pp.

［DF］ H. G. Diamond, K. Ford, *Generalized Euler constants*, Math. Proc. Cambridge Philos. Soc. **145** (2008), 27-41.

［H］ G. H. Hardy, *Sur les zéros de la fonction $\zeta(s)$*, Comp. Rend. Acad. Sci. **158** (1914), 1012-1014.

［L］ J. C. Lagarias, *An elementary problem equivalent to the Riemann hypothesis*, Amer. Math. Monthly **109** (2002), 534-543.

［M］ 松本耕二，『リーマンのゼータ関数』，朝倉書店，2005 年.

［MZ］ M. Ram Murty, A. Zaytseva, *Transcendence of generalized Euler constants*, Amer. Math. Monthly **120** (2013), 48-54.

［Ra］ S. Ramanujan, *Highly composite numbers*, annotated and with a foreword by J.-L. Nicolas and G. Robin, Ramanujan J. **1** (1997), 119-153.

［Ri］ B. Riemann, *Ueber die Anzahl der Primzahlen unter einer gegebenen Grösse*, Monat. Akad. Berlin (1859), 671-680.

［Ro］ G. Robin, *Grandes valeurs de la fonction somme des diviseurs et hypothèse de Riemann*, J. Math. Pures Appl. **63**, (1984), 187-213.

［S］ L. Schoenfeld, *Sharper bounds for the Chebyshev functions $\theta(x)$ and $\psi(x)$ II*, Math. Comp. **30** (1976), 337-360.

［V］ V. V. Volchkov, *On an equality equivalent to the Riemann Hypothesis*, Ukranian Math. J. **47** (1995), 491-493.

［vK］ H. von Koch, *Sur la distribution des nombres premiers*, Acta Math. **24** (1901), 159-182.

第3話
ゲーベル数列

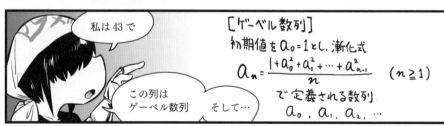

$$a_{15} = \begin{array}{l}13759746618844883593958307872179178705368405647167653708277552968028912473812609102217376850169111765710515773835599302526014250241161260301717399820768970184134876804192150886854801356030366186182442443644299688902199440561515320558290346734447879212310661811410223556503218650496884972635088559933653320592235241033475869594100438984490724838465142948408287279920217407759362535390468166759861288045166871269132930069954574034843798711410764553375228096906768057361126421460307856145496162822829306418740752779770509108256234815385182670930999924522480652771260928356710374064784227278659054689564450023644343151013069552578054282349768290883548679851172413064908889 6\end{array}$$

このまま整数列がずっと
続くと思ったわね？

健脚！

a_{43}（およそ $5.4093 \times 10^{178485291567}$）で
初めて整数性が破れることが
合同算術で証明できるのよ！

ゲーベル数列を一般化したときにそれぞれ
最初の整数性の破れがどうなってるか
調べると…

初期値 $b_0 = 1$ とし、漸化式
$$b_n = \frac{1 + b_0^k + b_1^k + \cdots + b_{n-1}^k}{n} \quad (n \geqq 1)$$
で定義される数列 $b_0, b_1, b_2, \cdots$ を
K-ゲーベル数列（$k \geqq 2$）としたとき、
各数列で最初に整数でなくなる番号を N_k とする。

こんなん
なってます

	$N_{20} = 31$	$N_{32} = 19$	
	$N_{21} = 103$	$N_{33} = 251$	
	$N_{22} = \underset{(2 \times 47)}{94}$	$N_{34} = 29$	
$N_2 = 43$	$N_{11} = 239$	$N_{23} = 73$	$N_{35} = 311$
$N_3 = 89$	$N_{12} = 31$	$N_{24} = 19$	$N_{36} = \underset{}{134}$
$N_4 = 97$	$N_{13} = 431$	$N_{25} = \underset{(3 \times 3 \times 3 \times 3)}{243}$	$N_{37} = 71$
$N_5 = \underset{(2 \times 107)}{214}$	$N_{14} = 19$	$N_{26} = \underset{(3 \times 47)}{141}$	$N_{38} = 23$
$N_6 = 19$	$N_{15} = 79$	$N_{27} = 101$	$N_{39} = \underset{(2 \times 43)}{86}$
$N_7 = 239$	$N_{16} = 23$	$N_{28} = 53$	$N_{40} = 43$
$N_8 = 37$	$N_{17} = 827$	$N_{29} = 811$	$N_{41} = 47$
$N_9 = 79$	$N_{18} = 43$	$N_{30} = 47$	$N_{42} = 19$
$N_{10} = 83$	$N_{19} = 173$	$N_{31} = \underset{(3 \times 359)}{1077}$	$N_{43} = 419$
			$\vdots$

こうして見るとやけに素数が多かったり
N_k の最小値がいくつになるのかなど
多くの謎を見出すことができるのよ

店は
大丈夫
なの？

これはギネスに載った
43歳で死んだ金魚

すごい

数学的解説

定義 3.1（OEIS：A003504）　初期値 $a_0 = 1$ および漸化式

$$a_n = \frac{1 + a_0^2 + a_1^2 + \cdots + a_{n-1}^2}{n}, \quad n \geqq 1$$

で定義される数列を**ゲーベル数列**とよぶ.

a_1, a_2, a_3, a_4 は定義から次のように計算できます.

$$a_1 = \frac{1 + 1^2}{1} = 2,$$

$$a_2 = \frac{1 + 1^2 + 2^2}{2} = 3,$$

$$a_3 = \frac{1 + 1^2 + 2^2 + 3^2}{3} = 5,$$

$$a_4 = \frac{1 + 1^2 + 2^2 + 3^2 + 5^2}{4} = 10.$$

a_5 から a_{15} までは結果だけを見てみましょう.

$a_5 = 28,$

$a_6 = 154,$

$a_7 = 3520,$

$a_8 = 1551880,$

$a_9 = 267593772160,$

$a_{10} = 7160642690122633501504,$

$a_{11} = 4661345794146064133843098964919305264116096,$

$a_{12} = 1810678717716933442325741630275004084414865420898591223522682022447438928019172629856,$

$a_{13} = 252196724522541410812579097160361769690288016260160445329059280814119090545214689630356941057966683002706243045823080829174307488383892818892448294858132739063481087616,$

$a_{14} = 4543084847135617156827912757388745495368280304614840838595588186618491686248456861132325123746651440029866603550544292125235174147640872384813465160305130148273242631727996782469247359000431166789366981682565945143794526417901768308785153487576961252043035876479477989614$

80564408541809837455171811504569258944144447442638 9576
6823050176,

$a_{15} =$ 137597466188488359395830787217917870536840564716765370
82775529680289124738126091022173768501691117657105 1577
38355993025260142502411612603017173998207689701841 3487
68041921508868548013560303661861824244364429968890 2199
44056151532055829034673444787921231066181141022355 6503
21865049688497263508855993653320592235241033475869 594
10043898449072483846514294840828727992021740775936 2535
39046816675986128804516687126913293006995457403484 3798
71141076455337522809690676805736112642146030785614 5496
16282282930641874075277977050910825623481538518267 0930
99992452248065277126092835671037406478422727865905 4689
56445002364434315101306955257805428234976829088354 8679
85117241306490888896.

どんどん大きくなっていきますが，注目すべき特徴は，これらの数値例がすべて整数であることです．a_n が整数になるには $1+a_0^2+a_1^2+\cdots+a_{n-1}^2$ が n の倍数である必要がありますが，これは常に成り立つことでしょうか．実は，あるところでこの法則は破れてしまいます．

定理 3.2（証明は p. 35 と p. 36）$a_0, a_1, a_2, \cdots, a_{42}$ はすべて整数であるが，a_{43} は整数ではない．

いくつかの実例で実験してみて数学的法則を予想することは研究ではよくあることですが（高校数学でも予想して数学的帰納法で証明するという問題を学んだことがある方も多いのではないでしょうか），少ない個数のデータから一般の法則を予想してしまうと，時には間違えてしまいます．ゲーベル数列の場合は最初の 43 項（a_{42} まで）が整数なので，「a_n は常に整数である」という予想を立てたくなってしまいそうです．ですが，事実は a_{43} に至って初めて整数ではなくなるといっており，ゲーベル数列は，正確に予想する行為はそんなに簡単ではないということを教えてくれる例でもあります（ゲーベル数列も含めて，似たような数列が [G] に複数掲載されています）．

ゲーベル数列を一般化して，k-ゲーベル数列を考えてみましょう．

定義 3.3 k を正整数とする．初期値 $b_0 = 1$ および漸化式

表 3.1　$2 \leqq k \leqq 61$ に対する N_k の値.

k	2	3	4	5	6	7	8	9	10	11
N_k	43	89	97	214	19	239	37	79	83	239
k	12	13	14	15	16	17	18	19	20	21
N_k	31	431	19	79	23	827	43	173	31	103
k	22	23	24	25	26	27	28	29	30	31
N_k	94	73	19	243	141	101	53	811	47	1077
k	32	33	34	35	36	37	38	39	40	41
N_k	19	251	29	311	134	71	23	86	43	47
k	42	43	44	45	46	47	48	49	50	51
N_k	19	419	31	191	83	337	59	1559	19	127
k	52	53	54	55	56	57	58	59	60	61
N_k	109	163	67	353	83	191	83	107	19	503

$$b_n = \frac{1 + b_0^k + b_1^k + \cdots + b_{n-1}^k}{n}, \quad n \geqq 1$$

で定義される数列 $b_n = b_{k,n}$ を k-ゲーベル数列とよぶ.

　3-ゲーベル数列（OEIS：A005166）は $b_{3,89}$ で初めて整数でなくなり，4-ゲーベル数列（OEIS：A005167）は $b_{4,97}$ で初めて整数でなくなります.

　定義 3.4（OEIS：A108394）　$k \geqq 2$ に対して，$b_{k,n}$ が整数でない最小の n を N_k とおく. そのような n が存在しなければ $N_k := \infty$ とする.

　表 3.1 に N_k の数値例をまとめています. この表を眺めて何か気付くことはあるでしょうか. 何か法則はあるのでしょうか. 試しに素因数分解してみると，$N_{25} = 3^5$ であり，$N_5, N_{22}, N_{26}, N_{31}, N_{36}, N_{39}$ は相異なる 2 つの素数の積であり，残りはすべて素数です. 見ているだけでワクワクする表ですね.

　ギネス記録に載った金魚（Tish という名前）の年齢が 43 歳という雑学が漫画に書かれていますが，他にも 2 つほど 43 に関する雑学を紹介します.

- 43! = 60415263063373835637355132068513997507264512000000000 の上 43 桁である 6041526306337383563735513206851399750726451 は素数.
- 4^{43} = 77371252455336267181195264 であるが，4^n のすべての桁に 0 が現れない知られている最大の n が 43 である.

補足説明

　a_{43} は大体 $5.4093 \times 10^{178485291567}$ であり，ゲーベル数列は桁がどんどん大きくなる数列

であるため，コンピューターで具体的に計算しきって各項が整数か否かを判定するのは難しいです．ですが，以下のように工夫すれば簡単に判定可能です．

補題 3.5 $n \geqq 1$ のとき，
$$(n+1)a_{n+1} = a_n(a_n+n)$$
が成り立つ．

証明 定義 3.1 から
$$(n+1)a_{n+1} = 1+a_0^2+a_1^2+\cdots+a_{n-1}^2+a_n^2$$
$$= na_n+a_n^2 = a_n(a_n+n)$$
と計算できる． □

素数 p に対して，$\mathbb{Q}$ の部分環 $\mathbb{Z}_{(p)}$ を $\mathbb{Z}_{(p)} := \{a/b \mid a,b \in \mathbb{Z}, \ p \nmid b\}$ で定義します．

a_{43} が整数でないことの証明 42 以下の正整数は $\mathbb{Z}_{(43)}$ において可逆なので，補題 3.5 より $a_1,\cdots,a_{42} \in \mathbb{Z}_{(43)}$ がわかる．以下の合同式は $\mathbb{Z}_{(43)}$ における mod 43 を考える．補題 3.5 より

$a_6 \equiv 28(28+5)/6 \equiv 28\times33\times36 \equiv 25,$

$a_7 \equiv 25(25+6)/7 \equiv 25\times31\times37 \equiv 37,$

$a_8 \equiv 37(37+7)/8 \equiv 37\times44\times27 \equiv 10,$

$a_9 \equiv 10(10+8)/9 \equiv 10\times18\times24 \equiv 20,$

$a_{10} \equiv 20(20+9)/10 \equiv 20\times29\times13 \equiv 15,$

$a_{11} \equiv 15(15+10)/11 \equiv 15\times25\times4 \equiv 38,$

$a_{12} \equiv 38(38+11)/12 \equiv 38\times49\times18 \equiv 19,$

$a_{13} \equiv 19(19+12)/13 \equiv 19\times31\times10 \equiv 42,$

$a_{14} \equiv 42(42+13)/14 \equiv 42\times55\times40 \equiv 36,$

$a_{15} \equiv 36(36+14)/15 \equiv 36\times50\times23 \equiv 34,$

$a_{16} \equiv 34(34+15)/16 \equiv 34\times49\times35 \equiv 2,$

$a_{17} \equiv 2(2+16)/17 \equiv 2\times18\times38 \equiv 35,$

$a_{18} \equiv 35(35+17)/18 \equiv 35\times52\times12 \equiv 39,$

$a_{19} \equiv 39(39+18)/19 \equiv 39\times57\times34 \equiv 31,$

$a_{20} \equiv 31(31+19)/20 \equiv 31\times50\times28 \equiv 13,$

$a_{21} \equiv 13(13+20)/21 \equiv 13\times33\times41 \equiv 2,$

$a_{22} \equiv 2(2+21)/22 \equiv 2\times23\times2 \equiv 6,$

$a_{23} \equiv 6(6+22)/23 \equiv 6\times28\times15 \equiv 26,$

$a_{24} \equiv 26(26+23)/24 \equiv 26\times49\times9 \equiv 28,$

$a_{25} \equiv 28(28+24)/25 \equiv 28\times52\times31 \equiv 29,$

$a_{26} \equiv 29(29+25)/26 \equiv 29\times54\times5 \equiv 4,$

$a_{27} \equiv 4(4+26)/27 \equiv 4\times30\times8 \equiv 14,$

$a_{28} \equiv 14(14+27)/28 \equiv 14\times41\times20 \equiv 42,$

$a_{29} \equiv 42(42+28)/29 \equiv 42\times70\times3 \equiv 5,$

$a_{30} \equiv 5(5+29)/30 \equiv 5\times34\times33 \equiv 20,$

$a_{31} \equiv 20(20+30)/31 \equiv 20\times50\times25 \equiv 17,$

$a_{32} \equiv 17(17+31)/32 \equiv 17\times48\times39 \equiv 4,$

$a_{33} \equiv 4(4+32)/33 \equiv 4\times36\times30 \equiv 20,$

$a_{34} \equiv 20(20+33)/34 \equiv 20\times53\times19 \equiv 16,$

$a_{35} \equiv 16(16+34)/35 \equiv 16\times50\times16 \equiv 29,$

$a_{36} \equiv 29(29+35)/36 \equiv 29\times64\times6 \equiv 42,$

$a_{37} \equiv 42(42+36)/37 \equiv 42\times78\times7 \equiv 13,$

$a_{38} \equiv 13(13+37)/38 \equiv 13\times50\times17 \equiv 42,$

$a_{39} \equiv 42(42+38)/39 \equiv 42\times80\times32 \equiv 20,$

$a_{40} \equiv 20(20+39)/40 \equiv 20\times59\times14 \equiv 8,$

$a_{41} \equiv 8(8+40)/41 \equiv 8\times48\times21 \equiv 23,$

$a_{42} \equiv 23(23+41)/42 \equiv 23\times64\times42 \equiv 33$

と逐次的に計算できる．そうして，

$$43a_{43} = a_{42}(a_{42}+42) \equiv 33(33+42) \equiv 24 \not\equiv 0 \pmod{43}$$

なので，$43a_{43}$ は 43 で割り切れない $\mathbb{Z}_{(43)}$ の元である．これは特に a_{43} が整数でないことを示している．　　　　　　　　　　　　　　　　　　　　　　　　□

$a_1, \cdots, a_{42}$ が整数であることの証明の概略　$1 \leqq i \leqq 42$ とする．$a_i \in \mathbb{Z}$ を示すには，任意の素数 p に対して $a_i \in \mathbb{Z}_{(p)}$ が成り立つことを確認すればよい．というのも，

$$\bigcap_{p \in \mathcal{P}} \mathbb{Z}_{(p)} = \mathbb{Z}$$

が成り立つからである．各 p について $a_i \in \mathbb{Z}_{(p)}$ が成り立つことは補題 3.5 を用いた合同式の逐次的計算（$i = 1, 2, \cdots, 42$ と順次計算する）によって確認できる．まず，$p = 43$ のときは既に述べたが，同様に $p > 43$ の場合は自明に $a_i \in \mathbb{Z}_{(p)}$ がわかる．$23 \leqq p < 43$ のときは $a_{p-1} \in \mathbb{Z}_{(p)}$ までは自明にわかるが，$a_p \in \mathbb{Z}_{(p)}$ をいうには，$pa_p \in p\mathbb{Z}_{(p)}$ が成り立つことを具体的計算によって確認しなければならない．しかし，その関門さえ突破すれば $a_{42} \in \mathbb{Z}_{(p)}$ まで自動的に進む．$p < 23$ の場合は関門が増える．例えば，$p = 17$, 19 の場合は $2pa_{2p} \in p\mathbb{Z}_{(p)}$ のチェックが必要であるが，$\bmod p$ の逐次計算では，$pa_p \equiv 0 \pmod{p}$ がわかった後に両辺を p で割ると $a_p \in \mathbb{Z}_{(p)}$ よりも詳しい情報が消えてしまう．よって，逐次計算を $\bmod p^2$ で行い，$a_p \bmod p$ を具体的に求め，a_{p+1} 以降は $\bmod p$ で計算することにより $a_{2p} \in \mathbb{Z}_{(p)}$ を確認することができる．$p = 2, 3, 5, 7, 11, 13$ に対しては，それぞれ $\bmod 2^{39}$, $\bmod 3^{19}$, $\bmod 5^9$, $\bmod 7^6$, $\bmod 11^3$, $\bmod 13^3$ で逐次計算を開始すればよい[1]．コンピューターを使うのがよいであろう．　　　　　　　□

研究課題

課題 3.1　任意の $k \geqq 2$ に対して N_k は有限であるか．

課題 3.2　なぜ，N_k は素数であることが多いのか．

●参考文献

［G］R. K. Guy, *The strong law of small numbers*, Amer. Math. Monthly **95**（1988）, 697-712.

1）なぜ $\bmod 5^8$ ではなく $\bmod 5^9$ なのか考えてみてください．

第 4 話

シェルピンスキー数

森にも
いるのかな

あっ

バシャッ

スゥー

あなたが落としたのは
素数と合成数の
どちらかしら？

合成数！

合成合成

12 ———————
————— !!

私は
78557

$k = 78557$ のとき
「任意の正整数 n に対して
$k \cdot 2^n + 1$ が合成数になる」って
あなた信じる？

今にいたるまで信じがたい
出来事ばかりなのに

そんな数も
あるの？

$$78557 \times 2^1 + 1 = 157115$$
$$= 5 \times 7 \times 67^2$$
$$78557 \times 2^2 + 1 = 314229$$
$$= 3 \times 104743$$
$$78557 \times 2^3 + 1 = 628457$$
$$= 73 \times 8609$$
$$\vdots$$

みて

ずっとこうなの

そのような性質をみたす奇数 k は
シェルピンスキー数と呼ばれていて

私もそのひとつ

ザブン

便利！

そしてシェルピンスキー数は無数に存在するのよ！

78557, 271129, 271577, 322523, 327739, 482719, 575041, 603713, 903983, 934909, ...

ゴポポ

この池
なんでも沈んでるのね

どうかしら

未解決問題があるのよ…

「わたしより小さい
シェルピンスキー数は
存在するかしら？」

この子たちは
シェルピンスキー数でないことが
証明されてない 78556 以下の
正の奇数 k…

67607

24737

55459

22699

21181

なるほど
つまり…

$k \cdot 2^n + 1$ が素数となるような
n があるかもしれないけど
それが大きすぎて
わかんないのね！

私は 2016 年にこの子
$10223 \times 2^{31172165} + 1$ ちゃんが
素数なのが証明されたから
シェルピンスキー数ではないの

ズズズ…

10223

よろしく〜

でかい！

まだ話したいことは
たくさんあるけど…

日が暮れるとやばいから
またね

すでに
やばいでしょ

チュッ

奇数のキスよ

大人になったら
続きをしましょう

ダジャレ
だ！

数学的解説

定義 4.1（OEIS：A076336） 正の奇数 k が**シェルピンスキー数**であるとは，任意の正整数 n に対して $k \cdot 2^n + 1$ が合成数であるときをいう.

「素数 -1」という形の整数を「$(2\,の冪) \times (奇数)$」と分解したときの奇数部分に決して現れないものがシェルピンスキー数です. 整数の無限族に一切素数が現れないという条件が課せられており，一般に素数と合成数では素数の方が珍しいとはいっても，シェルピンスキー数は 1 つ存在するだけでも凄いことだと思います. 試しに $1, 3, 5, 7, 9$ がシェルピンスキー数かどうかをチェックしてみましょう.

$$1 \times 2^1 + 1 = 3$$

が素数なので，1 はシェルピンスキー数ではありません. 同様に

$$3 \times 2^1 + 1 = 7, \quad 5 \times 2^1 + 1 = 11, \quad 7 \times 2^2 + 1 = 29, \quad 9 \times 2^1 + 1 = 19$$

はすべて素数なので，$3, 5, 7, 9$ もシェルピンスキー数ではありません. このように調べていくとシェルピンスキー数は存在しないのではないかという気持ちになりそうですが，実はシェルピンスキー数は存在します.

定理 4.2（セルフリッジ，未出版，証明は p. 41） 78557 はシェルピンスキー数である.

つまり，$78557 \times 2^n + 1$ はすべての正整数 n に対して合成数となるのです！ 最初の 9 個の n で合成数であることを実際に確認してみましょう.

$$78557 \times 2^1 + 1 = 157115 = 5 \times 7 \times 67^2,$$
$$78557 \times 2^2 + 1 = 314229 = 3 \times 104743,$$
$$78557 \times 2^3 + 1 = 628457 = 73 \times 8609,$$
$$78557 \times 2^4 + 1 = 1256913 = 3^2 \times 7 \times 71 \times 281,$$
$$78557 \times 2^5 + 1 = 2513825 = 5^2 \times 193 \times 521,$$
$$78557 \times 2^6 + 1 = 5027649 = 3 \times 11 \times 131 \times 1163,$$
$$78557 \times 2^7 + 1 = 10055297 = 7 \times 1436471,$$
$$78557 \times 2^8 + 1 = 20110593 = 3 \times 541 \times 12391,$$
$$78557 \times 2^9 + 1 = 40221185 = 5 \times 59 \times 136343$$

とたしかにいずれも合成数であることがわかります. これが永遠に続くことが証明されています.

シェルピンスキー数が 1 つ見つかってしまえば，他にどれぐらいあるかが気になってきます. シェルピンスキー数を漏れなく決定するということは未だにできていませ

んが，知られているものは OEIS：A076336 にまとめられています．ここでもいくつか眺めてみましょう．

78557, 271129, 271577, 322523, 327739, 482719, 575041, 603713, 903983, 934909,
965431, 1259779, 1290677, 1518781, 1624097, 1639459, 1777613, 2131043, 2131099,
2191531, 2510177, 2541601, 2576089, 2931767, 2931991, 3083723, 3098059, 3555593,
3608251, 4067003, 4095859, 4573999, 5455789, 5841947, 6134663, 6135559, 6557843,
6676921, 6678713, 6742487, 6799831, 6828631, 7134623, 7158107, 7400371, 7523267,
7523281, 7696009, 7761437, 7765021, 7892569, 8007257, 8184977, 8629967, 8840599,
8871323, 8879993, 8959163, 9043831, 9044629, 9208337, 9252323, 9454129, 9454157,
9854491, 9854603, 9930469, 9933857, 9937637, …

意外にも結構知られているようですね．それでは，その個数は有限でしょうか．それとも無限でしょうか．なんと，驚くべきことにシェルピンスキー[Si]は次の定理を証明しました．それも70代後半に！

定理 4.3（証明は p. 43）　シェルピンスキー数は無限に存在する．

一方で，最小のシェルピンスキー数を決定するという問題は未解決問題として残されています．

予想 4.4　78557 は最小のシェルピンスキー数であろう．

この予想が未解決であるということは何を意味するでしょうか．これを解決しようと思えば，78555 以下の正の奇数がすべてシェルピンスキー数でないことを証明すればよいです．正の奇数 k がシェルピンスキー数でないことを証明するためには，$k \cdot 2^n + 1$ が素数となるような n を1つでも発見すればよいのでした．つまり，$k \cdot 2^n + 1$ が素数となるような n を1つも発見できていない正の奇数 $k \leqq 78555$ がまだ残っているのです．残っている奇数は最近まで6個ありましたが，2016 年に 9383761 桁の素数

$$10223 \times 2^{31172165} + 1$$

が発見されたため，残りは

$$21181, \quad 22699, \quad 24737, \quad 55459, \quad 67607$$

の5つとなっています．

補足説明

定理 4.2 の証明　$a_n := 78557 \times 2^n + 1$ とおく．このとき，以下の7つの法則を証明すればよい．

$$n \equiv 0 \pmod 2 \implies a_n \equiv 0 \pmod 3 \tag{4.1}$$

$$n \equiv 1 \pmod 4 \implies a_n \equiv 0 \pmod 5 \tag{4.2}$$

$$n \equiv 7 \pmod{12} \implies a_n \equiv 0 \pmod 7 \tag{4.3}$$

$$n \equiv 11 \pmod{12} \implies a_n \equiv 0 \pmod{13} \tag{4.4}$$

$$n \equiv 3 \pmod{36} \implies a_n \equiv 0 \pmod{73} \tag{4.5}$$

$$n \equiv 15 \pmod{36} \implies a_n \equiv 0 \pmod{19} \tag{4.6}$$

$$n \equiv 27 \pmod{36} \implies a_n \equiv 0 \pmod{37} \tag{4.7}$$

上の 7 パターンですべての n が尽くされていること：まず，n を偶数か奇数で分ける．奇数のときはさらに 4 で割った余りが 1 か 3 で分ける．4 で割った余りが 3 のときは 12 で割った余りが 3 か 7 か 11 で分ける．12 で割った余りが 3 のときは 36 で割った余りが 3 か 15 か 27 で分ける．以上．

(4.1)の証明．$n = 2m$ とおく．$2^2 \equiv 1 \pmod 3$ および $78557 \equiv 2 \pmod 3$ より，
$$a_{2m} = 78557 \times 2^{2m} + 1$$
$$\equiv 2 \times 1 + 1 \equiv 0 \pmod 3.$$

(4.2)の証明．$n = 4m+1$ とおく．$2^4 \equiv 1 \pmod 5$ および $78557 \equiv 2 \pmod 5$ より，
$$a_{4m+1} = 78557 \times 2^{4m+1} + 1$$
$$\equiv 78557 \times 2 + 1 \equiv 2 \times 2 + 1 \equiv 0 \pmod 5.$$

(4.3)の証明．$n = 12m+7$ とおく．$2^6 \equiv 1 \pmod 7$ および $78557 \equiv 3 \pmod 7$ より，
$$a_{12m+7} = 78557 \times 2^{12m+7} + 1$$
$$\equiv 78557 \times 2 + 1 \equiv 3 \times 2 + 1 \equiv 0 \pmod 7.$$

(4.4) の証明．$n = 12m+11$ とおく．$2^{12} \equiv 1 \pmod{13}$, $78557 \equiv 11 \pmod{13}$, $2^{11} \equiv 7 \pmod{13}$ より，
$$a_{12m+11} = 78557 \times 2^{12m+11} + 1$$
$$\equiv 78557 \times 2^{11} + 1 \equiv 11 \times 7 + 1 \equiv 0 \pmod{13}.$$

(4.5)の証明．$n = 36m+3$ とおく．$2^9 \equiv 1 \pmod{73}$ および $78557 \equiv 9 \pmod{73}$ より，
$$a_{36m+3} = 78557 \times 2^{36m+3} + 1$$
$$\equiv 78557 \times 8 + 1 \equiv 9 \times 8 + 1 \equiv 0 \pmod{73}.$$

(4.6)の証明．$n = 36m+15$ とおく．$2^{18} \equiv 1 \pmod{19}$, $78557 \equiv 11 \pmod{19}$, $2^{15} \equiv 12 \pmod{19}$ より，
$$a_{36m+15} = 78557 \times 2^{36m+15} + 1$$
$$\equiv 78557 \times 2^{15} + 1 \equiv 11 \times 12 + 1 = 133 \equiv 0 \pmod{19}.$$

(4.7)の証明．$n = 36m+27$ とおく．$2^{36} \equiv 1 \pmod{37}$, $78557 \equiv 6 \pmod{37}$, $2^{27} \equiv 6 \pmod{37}$ より，

$$a_{36m+27} = 78557 \times 2^{36m+27} + 1$$
$$\equiv 78557 \times 2^{27} + 1 \equiv 6 \times 6 + 1 \equiv 0 \pmod{37}. \qquad \square$$

a_n が単に合成数であることだけでなく，その素因数に必ず $3, 5, 7, 13, 73, 19, 37$ のいずれかが現れ，どれが現れるかは n を何かで割った余りで分類できるということまで証明からわかります．

定義 4.5 k をシェルピンスキー数とし，$S \subset \mathcal{P}$ を素数からなる有限集合とする．任意の正整数 n に対して，ある $p \in S$ が存在し，p が $k \cdot 2^n + 1$ の素因数になるとき，S を k の**被覆集合**という．

この用語を用いると，$\{3, 5, 7, 13, 73, 19, 37\}$ が 78557 の被覆集合になっていることがわかります．

シェルピンスキーの定理の証明の前に，フェルマー素数に登場してもらいましょう．

定義 4.6（OEIS：A000215, A019434） 非負整数 n に対して F_n を
$$F_n := 2^{2^n} + 1$$
で定義し，**フェルマー数**とよぶ．特に F_n が素数であれば，F_n を**フェルマー素数**とよぶ．

この節の最初に述べたように 1 はシェルピンスキー数ではありませんが，このことはフェルマー素数の存在を意味しています．というのも，$2^a + 1$ の形（$a \in \mathbb{Z}_{>0}$）をした素数が存在するならば，ある非負整数 n が存在して $a = 2^n$ でなければならないことが命題 1.6 と同様に証明できるからです．1 がシェルピンスキー数でないという事実は「フェルマー素数が 1 つは存在する」ということを意味するに過ぎませんが，実際は $F_0 = 3$，$F_1 = 5$，$F_2 = 17$，$F_3 = 257$，$F_4 = 65537$ と最初の 5 つはすべてフェルマー素数になっています．このことから，フェルマーはすべての n に対して F_n は素数であるだろうと予想していたそうです．しかしながら，オイラーが 1732 年に
$$F_5 = 4294967297 = 641 \times 6700417$$
を証明したため，フェルマーの予想は間違っていたことになります（641 と 6700417 は素数です）．実は，この因数分解がシェルピンスキーの定理の証明に効いてきます．

定理 4.3 の証明 $\{3, 5, 17, 257, 641, 65537, 6700417\}$ を被覆集合とするシェルピンスキー数が無限に存在することを証明する．k を

$$k \equiv 1 \pmod 3, \qquad k \equiv 1 \pmod{257}, \qquad k \equiv -1 \pmod{641}$$
$$k \equiv 1 \pmod 5, \qquad k \equiv 1 \pmod{65537},$$
$$k \equiv 1 \pmod{17}, \qquad k \equiv 1 \pmod{6700417},$$

を満たすような正の奇数とする．このような k は中国式剰余定理によって無限に存在

することがわかる. l を非負整数, p をフェルマー数 $F_l = 2^{2^l} + 1$ の素因数とし, $k \equiv 1 \pmod{p}$ であると仮定する. このとき,

$$k \cdot 2^{2^{l+1}m + 2^l} + 1 \equiv 0 \pmod{p}$$

が任意の非負整数 m に対して成立する. よって, 正整数 n を奇数と偶数, 偶数を $4m+2$ 型と 4 の倍数, 4 の倍数を $8m+4$ 型と 8 の倍数, $\cdots$ と分類すると, $a_n := k \cdot 2^n + 1$ について

$$n \equiv 1 \pmod{2} \implies a_n \equiv 0 \pmod{3},$$
$$n \equiv 2 \pmod{4} \implies a_n \equiv 0 \pmod{5},$$
$$n \equiv 4 \pmod{8} \implies a_n \equiv 0 \pmod{17},$$
$$n \equiv 8 \pmod{16} \implies a_n \equiv 0 \pmod{257},$$
$$n \equiv 16 \pmod{32} \implies a_n \equiv 0 \pmod{65537},$$
$$n \equiv 32 \pmod{64} \implies a_n \equiv 0 \pmod{6700417},$$
$$n \equiv 0 \pmod{64} \implies a_n \equiv 0 \pmod{641}$$

がわかる. ただし, 最後の合同式については $k \equiv -1 \pmod{641}$ より, $k \cdot 2^{64m} + 1 \equiv 0 \pmod{641}$. したがって, k は $\{3, 5, 17, 257, 641, 65537, 6700417\}$ を被覆集合とするシェルピンスキー数である. $\square$

フェルマー数の見事な応用ですね. もしフェルマーの予想が正しかったら, この証明はうまくいかなかったことになります.

$78557 = 17 \times 4621$ は素数ではありませんが, シェルピンスキー数であることが確定している 2 番目に小さな数 271129 は素数です. 素数であるようなシェルピンスキー数を**シェルピンスキー素数**とよぶことにしましょう (OEIS：A137715).

定理 4.7 シェルピンスキー素数は無限に存在する.

この定理はディリクレの算術級数定理を用いることにより証明できます.

定理* 4.8（算術級数定理） a と b を互いに素な正整数とする. このとき, 正整数 n を用いて $an+b$ と表すことができる素数が無限に存在する.

証明は [Se] の第 6 章を見てください.

定理 4.7 の証明 定理 4.3 の証明の冒頭の連立合同式を満たす素数 k が無限に存在すればよいが, 中国式剰余定理によってその条件は 1 つの合同式で表すことができ, 算術級数定理によってそれを満たす素数 k は無限に存在することがわかる. $\square$

271129 が最小のシェルピンスキー素数かどうかは未解決問題です. まだシェルピ

ンスキー数ではないと確定していない 271129 未満の素数は

　　22699,　67607,　79309,　79817,　152267,　156511,　222113,　225931,　237019

の 9 個です．こちらも最近まで残り 10 個でしたが，2017 年に 5832522 桁の素数

$$168451 \times 2^{19375200} + 1$$

が発見されました．78557 が最小のシェルピンスキー数で 271129 が最小のシェルピ
ンスキー素数と確定しても，271129 が 2 番目に小さいシェルピンスキー数であるかを
確定するには

　　91549,　131179,　163187,　200749,　209611,　227723,　229673,　238411

がシェルピンスキー数でないことを確認する必要があります．

　定義 4.9（OEIS：A101036）　正の奇数 k が**リーゼル数**であるとは，任意の正整数 n
に対して $k \cdot 2^n - 1$ が合成数であるときをいう．

　知られている最小のリーゼル数は 509203 です．

　定義 4.10（OEIS：A076335）　正の奇数 k が**ブライアー数**であるとは，任意の正整
数 n に対して $k \cdot 2^n + 1$ と $k \cdot 2^n - 1$ がともに合成数であるときをいう．つまり，シェル
ピンスキー数でもリーゼル数でもあるような数のことをブライアー数という．

　知られている最小のブライアー数は 3316923598096294713661 です．[BEFSK]では，
三角数（OEIS：A000217）でもあるようなブライアー数の無限性が示されています．

研究課題

　課題 4.1　数体版シェルピンスキー数について研究せよ．

　課題 4.2　フェルマー素数は無限に存在するか．合成数であるようなフェルマー数
は無限に存在するか．平方因子を持つようなフェルマー数は存在するか．

●**参考文献**

［BEFSK］D. Baczkowski, J. Eitner, C. E. Finch, B. Suminski, M. Kozek, *Polygonal, Sierpiński, and Riesel numbers*, J. Integer Seq. **18**(2015), Article 15.8.1, 12pp.

［Se］J.-P. Serre（原著），彌永健一（翻訳），『数論講義』，岩波書店，1979 年．

［Si］W. Sierpiński, *Sur un problème concernant les nombres k·2ⁿ+1*, Elem. Math. **15**(1960), 73-74.

第5話
アペリー数

ライオンは
「ライフ・ゴーズ・オン」
の略だと言われて
います

じゃあ
リカオンは？

ねえ

道に迷って
いるわ

話が
盛り上がった
から…

行きはこんな所
通らなかったわよ

ひとの敷地じゃ
ないの？　ここ

お前たち

漸化式
$(n+1)^3 a_{n+1} - (34n^3 + 51n^2 + 27n + 5)a_n + n^3 a_{n-1} = 0$
$(n \geq 1)$ を初期条件 $a_0 = 1$, $a_1 = 5$ のもとで
解け

ええっ

了解！

100

100ではない

私は73

この漸化式で定まる数列を
構成する数 a_n における a_2 よ

私のような a_n の者達は
アペリー数と呼ばれている

$$a_0 = 1$$
$$a_1 = 5$$
$$a_2 = 73$$
$$a_3 = 1445$$
$$a_4 = 33001$$
$$a_5 = 819005$$
$$a_6 = 21460825$$
$$a_7 = 584307365$$
$$a_8 = 16367912425$$
$$\vdots$$

なんで!?

なんであの
漸化式から
整数が
モリモリ
湧くのよ!

実はアペリー数 a_n は
このような表示をもつので

すべて整数なのだ!

$$a_n = \sum_{k=0}^{n} \binom{n}{k}^2 \binom{n+k}{k}^2$$

ちなみに $a_2 = 73$ の次の素数
$a_{12} = 12073365010564729$ には
12 と 73 が含まれている

ばれた!
私が12
ということが!

ばれるよ

アペリー数は単に面白い数列という
だけではなく
リーマンゼータ関数の正の整数での値
$\zeta(k) = \sum_{n=1}^{\infty} \dfrac{1}{n^k}$ に関する
「$\zeta(3)$ が無理数である」という定理を証明
するためにいきなり導入されたのだ

【$\zeta(3)$の有理数近似】

(a'_nは数列の初期条件を$a'_0 = 0$, $a'_1 = 6$ に置き換えたもの)

$$\frac{a'_n}{a_n} = \frac{\sum_{k=0}^{n} \binom{n}{k}^2 \binom{n+k}{k}^2 \left(\sum_{m=1}^{n} \frac{1}{m^3} + \sum_{m=1}^{k} \frac{(-1)^{m-1}}{2m^3\binom{n}{m}\binom{n+m}{m}} \right)}{\sum_{k=0}^{n} \binom{n}{k}^2 \binom{n+k}{k}^2}$$

ど どうやったら
こんなわけのわからない
ものが…

アペリーは
「うちの庭に生えてくる」
と答えたらしい

あー じゃあ
ここアペリーさん
家だ!

フランス人だって

ここから出るには
右手を壁につけて
道なりに行けばいい

助かる!

あっ

これ迷路だ

数学的解説

定義 5.1（OEIS：A005259）　初期値 $a_0 = 1$, $a_1 = 5$ および漸化式

$$(n+1)^3 a_{n+1} - (34n^3 + 51n^2 + 27n + 5)a_n + n^3 a_{n-1} = 0, \qquad n \geq 1 \qquad (5.1)$$

で定義される数列の各項を**アペリー数**とよぶ.

最初の 20 項の数値を見てみましょう.

$$a_0 = 1, \qquad\qquad a_{10} = 13657436403073,$$
$$a_1 = 5, \qquad\qquad a_{11} = 403676083788125,$$
$$a_2 = 73, \qquad\qquad a_{12} = 12073365010564729,$$
$$a_3 = 1445, \qquad\qquad a_{13} = 364713572395983725,$$
$$a_4 = 33001, \qquad\qquad a_{14} = 11111571997143198073,$$
$$a_5 = 819005, \qquad\qquad a_{15} = 341034504521827105445,$$
$$a_6 = 21460825, \qquad\qquad a_{16} = 10534522198396293262825,$$
$$a_7 = 584307365, \qquad\qquad a_{17} = 327259338516161442321485,$$
$$a_8 = 16367912425, \qquad\qquad a_{18} = 10217699252454924737153425,$$
$$a_9 = 468690849005, \qquad\qquad a_{19} = 320453816254421403579490445.$$

どうやら整数が続いているようです. しかし, これは驚くべきことです. というのも,

$$a_{n+1} = \frac{(34n^3 + 51n^2 + 27n + 5)a_n - n^3 a_{n-1}}{(n+1)^3}$$

と漸化式を使って a_{n+1} を求めるときに, 毎回分子が $(n+1)^3$ で割り切れないと整数に
なれないからです. この状況は第 3 話のゲーベル数列のときと似ています. ゲーベル
数列のときは 0 項目から数えて 43 項目で整数でなくなりました. よって, アペリー
数についても「どうせどこかで整数性が崩れるんでしょ」と思われるかもしれません.
ですが, ゲーベル数列の場合とは異なり, アペリー数はすべての n に対して整数にな
ります！ びっくり！

定理 5.2　アペリー数 a_n は任意の n に対して正整数である.

このことは初期値に強く依存しています. 例えば, $b_0 = 1$, $b_1 = 2$ と変更して同じ
漸化式で定まる数列を考えると

$$b_2 = \left. \frac{(34n^3 + 51n^2 + 27n + 5)b_n - n^3 b_{n-1}}{(n+1)^3} \right|_{n=1} = \frac{233}{8}$$

は整数ではありません.

定理 5.2 だけを見せられるといったいどうやって証明すればよいか見当もつかない

かもしれませんが，実はアペリー数は一般項の明示式が知られています．

定理 5.3（証明は p.58）　アペリー数 a_n は以下の表示を持つ：

$$a_n = \sum_{k=0}^{n} \binom{n}{k}^2 \binom{n+k}{k}^2.$$

これが証明できればたしかに定理 5.2 は従います．ですが，証明はそんなに簡単ではありません（この明示式が漸化式 (5.1) を満たすことを示せば十分ですが，それを実行することは大変です）．具体例を 1 つ計算してみましょう．

$$a_2 = \binom{2}{0}^2 \binom{2}{0}^2 + \binom{2}{1}^2 \binom{3}{1}^2 + \binom{2}{2}^2 \binom{4}{2}^2$$

$$= 1^2 \times 1^2 + 2^2 \times 3^2 + 1^2 \times 6^2$$

$$= 1+36+36 = 73.$$

さて，アペリー数は単に面白い数列として発見されたわけではありません．彼の名前を世界に轟かせることになった伝説の仕事である**アペリーの定理**（定理 5.9）を証明するために現れた，由緒正しい数列です．アペリーの定理と，その証明におけるアペリー数の役割を見てみましょう．

アペリーの定理は $\zeta(3)$ に関する定理です．第 2 話で紹介したリーマンゼータ関数 $\zeta(s)$ の級数表示 (2.1) において，$s=3$ を代入したものです．k を 2 以上の整数とするとき，リーマンゼータ値 $\zeta(k)$ は

$$\zeta(k) = \sum_{n=1}^{\infty} \frac{1}{n^k}$$

で定義されます．17 世紀頃，$\zeta(2)$ の正体を突き止めることは**バーゼル問題**とよばれる難問でしたが，オイラーが

$$\zeta(2) = \frac{\pi^2}{6}$$

という答えに到達しました．この円周率との思いがけない結びつきは当時意外なことでしたが，オイラーは同様の公式が他の偶数におけるリーマンゼータ値 $\zeta(4), \zeta(6), \zeta(8), \cdots$ についても成立していることを証明しました．

定理* 5.4（オイラー）　正整数 n に対して

$$\zeta(2n) = \frac{(-1)^{n+1} 2^{2n-1} B_{2n}}{(2n)!} \cdot \pi^{2n}$$

が成り立つ．特に，$\zeta(2n)$ は π^{2n} の有理数倍である．

ここで，B_{2n} は関-ベルヌーイ数とよばれる有理数です．

定義 5.5　漸化式

$$\sum_{k=0}^{n}\binom{n+1}{k}B_k = n+1$$

によって定義される有理数列の各項 B_k を，**関–ベルヌーイ数**とよぶ.

関–ベルヌーイ数の母関数は

$$\frac{te^t}{e^t-1} = \sum_{n=0}^{\infty}\frac{B_n}{n!}t^n$$

で与えられ，n が 3 以上の奇数の場合は常に $B_n = 0$ が成り立ちます.

表 5.1　$n = 0, 1, 2, 4, 6, 8, 10, 12, 14$ に対する B_n の値.

n	0	1	2	4	6	8	10	12	14
B_n	1	$\frac{1}{2}$	$\frac{1}{6}$	$-\frac{1}{30}$	$\frac{1}{42}$	$-\frac{1}{30}$	$\frac{5}{66}$	$-\frac{691}{2730}$	$\frac{7}{6}$

B_n を既約分数で表したときの，分子（符号込み）を N_n（OEIS：A000367），分母（正にとる）を D_n（OEIS：A002445）とします. 例えば，$N_{12} = -691$，$D_{12} = 2730 = 2\times3\times5\times7\times13$ です. 実は D_{2n} には非常に単純な法則があるのですが，それは第 9 話で紹介します（定理 9.22）. 一方，N_{2n} の振る舞いは単純ではなく，ここでは N_{50} までの数値と素因数分解を眺めておきましょう.

$N_{16} = -3617$,

$N_{18} = 43867$,

$N_{20} = -174611 = -283\times617$,

$N_{22} = 854513 = 11\times131\times593$,

$N_{24} = -236364091 = -103\times2294797$,

$N_{26} = 8553103 = 13\times657931$,

$N_{28} = -23749461029 = -7\times9349\times362903$,

$N_{30} = 8615841276005 = 5\times1721\times1001259881$,

$N_{32} = -7709321041217 = -37\times683\times305065927$,

$N_{34} = 2577687858367 = 17\times151628697551$,

$N_{36} = -26315271553053477373$,

$N_{38} = 2929993913841559 = 19\times154210205991661$,

$N_{40} = -261082718496449122051 = -137616929\times1897170067619$,

$N_{42} = 1520097643918070802691$,

$N_{44} = -27833269579301024235023$

$\qquad = -11\times59\times8089\times2947939\times1798482437$,

$$N_{46} = 59645111159391216327796 1 = 23 \times 383799511 \times 67568238839737,$$

$$N_{48} = -560940336899781768624912754 7$$

$$\qquad = -653 \times 56039 \times 153289748932447906241,$$

$$N_{50} = 4950572052410796482124775 25$$

$$\qquad = 5^2 \times 417202699 \times 47464429777438199.$$

なお，N_{2n} の素因数分解についてわかることが何もないわけではなく，次の定理は基本的です.

定理* 5.6（アダムス）　n を正整数とし，p を $p-1$ が $2n$ を割らないような素数とする．このとき，k を正整数として，

$$p^k | 2n \implies p^k | N_{2n}$$

が成り立つ.

例えば，34 の素因数のうち，$p = 17$ は「$p-1|2n$」を満たしません（$16 \nmid 34$）．そして，実際 N_{34} は 17 を素因数に持っています．他にも，$5^2|50$ について（$4 \nmid 50$），$5^2|N_{50}$ が成り立っています.

ちょっと関-ベルヌーイ数の説明に脱線ぎみなので，リーマンゼータ値に戻りましょう．定理 5.4 において，小さい n の場合に関-ベルヌーイ数の具体的な値を代入すると，

$$\zeta(4) = \frac{\pi^4}{90}, \quad \zeta(6) = \frac{\pi^6}{945}, \quad \zeta(8) = \frac{\pi^8}{9450},$$

$$\zeta(10) = \frac{\pi^{10}}{93555}, \quad \zeta(12) = \frac{691\pi^{12}}{638512875}$$

がわかります.

円周率については 1882 年に次の定理が証明されています.

定理* 5.7（リンデマン）　円周率 π は超越数である．つまり，任意の多項式 $P(x) \in \mathbb{Z}[x] \backslash \{0\}$ に対して，$P(\pi) \neq 0$ である.

よって，定理 5.4 と合わせて，すべての正整数 n に対して $\zeta(2n)$（偶数ゼータ値とよびましょう）は超越数です.

同様に $\zeta(2n+1)$（こちらは奇数ゼータ値）も超越数であると予想されているのですが，証明されていません．偶数ゼータ値の場合は円周率との結びつきを介して

$$2\zeta(2)^2 = 5\zeta(4)$$

のような代数関係があることがわかります．一方，経験則としても理論的側面からも，奇数ゼータ値および円周率の間には代数関係は一切ないだろうと予想されています：

予想 5.8（リーマンゼータ値の代数的独立性予想）　$\pi, \zeta(3), \zeta(5), \zeta(7), \cdots$ は $\mathbb{Q}$ 上代数的に独立である．つまり，任意の正整数 n と任意の多項式 $P(x_0, \cdots, x_n) \in \mathbb{Z}[x_0, \cdots, x_n] \backslash \{0\}$ に対して，

$$P(\pi, \zeta(3), \cdots, \zeta(2n+1)) \neq 0$$

である．

　円周率と結びつかないのであれば奇数ゼータ値の超越性を証明するためにリンデマンの定理を用いることはできません．奇数ゼータ値はそれぞれが孤高の存在であると予言するこの予想は，現状の数学では解決の見込みがない大難問だと思われています．

　とは言っても，奇数ゼータ値の独立性についての研究は今では皆無というわけではなく，微々たるも偉大なる進展が見られます．本当に研究が皆無であった 1978 年 6 月，フランスはマルセイユのルミニーで開かれた研究集会において，当時 61 歳のアペリーは次の定理に関する講演を行いました．

定理 5.9（アペリーの定理 [A]）　$\zeta(3)$ は無理数である．

　講演後，即座にその結果が受け入れられたわけではないようですが，コーエン，ファン・デル・ポールテン，レンストラ，ザギエらによって証明の正しさがチェックされ，$\zeta(3)$ の無理性はたしかに証明されたのだということが共通認識となりました．本当は $\zeta(3)$ は超越数であると期待されているわけですが，そこまでは言えないまでも，とりあえず無理数であることなら（奇跡的に）証明できたということなのです．これを知った当時の数学者はこぞって $\zeta(5)$ が無理数であることを証明しようと挑戦したことでしょう．ですが，アペリーの証明を適切に拡張することはできず，今に至るまで他の奇数ゼータ値の無理性は証明されていません．

　アペリーによる奇跡の証明がいったいどのようなものであったのか，その概略を見てみましょう[1]．まず，無理数の判定法として次の基本的な補題が成り立ちます．

補題 5.10（証明は p.56）　ξ を実数とする．整数列 $(s_n)_{n \in \mathbb{Z}_{\geq 1}}, (t_n)_{n \in \mathbb{Z}_{\geq 1}}$ および $I_n := s_n \xi - t_n$ について，以下が成立すると仮定する．

（1）　$\lim\limits_{n \to \infty} I_n = 0.$
（2）　無限個の n について，$I_n \neq 0.$
このとき，ξ は無理数である．

　この補題の設定で

1）アペリーの原論文 [A] は短すぎて詳細を理解するのは困難ですが，幸いファン・デル・ポールテンによる解説論文 [vdP] があります．

$$\lim_{n \to \infty} \frac{t_n}{s_n} = \xi$$

が成り立つので，$(t_n/s_n)_{n \in \mathbb{Z}_{\geqq 1}}$ は ξ の有理近似になっていますが，仮定(1)，(2)の成立は
この有理近似が「良い」ものであることを言っており（分母と比較していくらでも小さ
くなるだけ収束が速い），そのような良い有理近似さえ見つかれば無理数であること
が証明されるのです．

　良い有理近似があれば無理数であることが言えますが，無理数の有理近似がいつで
も「良い」とは限りません．

$$H_n^{(3)} := \sum_{k=1}^{n} \frac{1}{k^3} \in \mathbb{Q}$$

とすると，$(H_n^{(3)})_{n \in \mathbb{Z}_{\geqq 1}}$ は定義から $\zeta(3)$ の有理近似ですが，これは補題 5.10 を適用す
るには相応しくありません．よって，定義式から離れた別の有理近似を見つける必要
があります．

　アペリーは実際にそのような有理近似を見つけたのですが，いきなり仮定(1)，(2)
を満たすような整数列 2 つを与えるのは難しいため，次の補題のように「分母を制御
できる有理数列を経由して所望の整数列を作る」という形で証明します．

補題 5.11（証明は p.56）　ξ を実数とする．有理数列 $(p_n)_{n \in \mathbb{Z}_{\geqq 1}}$，$(q_n)_{n \in \mathbb{Z}_{\geqq 1}}$ および $I_n :=$
$p_n \xi - q_n$ について，以下が成立すると仮定する．
　（1）　ある $\varepsilon > 0$ が存在して，十分大きいすべての n について $|I_n| < \varepsilon^n$．
　（2）　無限個の n について，$I_n \neq 0$．
　（3）　ある正整数列 $(\delta_n)_{n \in \mathbb{Z}_{\geqq 1}}$ が存在して，$\delta_n p_n, \delta_n q_n \in \mathbb{Z}$．
　（4）　ある $\Delta > 0$ および $C > 0$ が存在して，$\delta_n < C \cdot \Delta^n$．
このとき，もし $\varepsilon \Delta < 1$ であれば，ξ は無理数である．

　$\xi = \zeta(3)$ の場合にアペリーが見出した有理数列は $(a_n)_{n \in \mathbb{Z}_{\geqq 0}}$ と $(a'_n)_{n \in \mathbb{Z}_{\geqq 0}}$ です．ここ
で，a_n は冒頭で定義したアペリー数であり，a'_n は漸化式は (5.1) と同じ形で，初期値を
$a'_0 = 0$，$a'_1 = 6$ に置き換えたものとします[2]．定理 5.3 に対応する a'_n の明示式は次で
与えられます．

定理 5.12（OEIS：A059415, A059416, 証明は p.59）　任意の非負整数 n に対して

$$a'_n = \sum_{k=0}^{n} \binom{n}{k}^2 \binom{n+k}{k}^2 c_{k,n}$$

2）a'_n は a_n とは異なり一般に整数ではない有理数ですが，漸化式からは n について分母が階乗オーダーに
　なって普通なところを指数オーダーに押さえられており，やはり驚異的な数列となっています．

が成り立つ．ただし，

$$c_{k,n} := \sum_{m=1}^{n} \frac{1}{m^3} + \sum_{m=1}^{k} \frac{(-1)^{m-1}}{2m^3 \binom{n}{m}\binom{n+m}{m}}$$

とおく（$k=0$ のときは 2 つ目の和は 0 と考える）．

正整数 n に対して，d_n を $1, 2, \cdots, n$ の最小公倍数とします．このとき，十分大きい n について $d_n \leqq 3^n$ が成り立つことが素数定理からわかります[3]．

補題 5.13（証明は p.56）　n を正整数とし，k を $0 \leqq k \leqq n$ を満たす整数とする．このとき，

$$d_n^3 \cdot 2 c_{k,n} \binom{n+k}{k} \in \mathbb{Z}$$

が成り立つ．

この補題と定理 5.3，定理 5.12，d_n の評価により，$\delta_n := 2d_n^3$，$\Delta := 27$，$p_n := a_n$，$q_n := a_n'$ として，補題 5.11 の仮定 (3), (4) が満たされていることがわかります．以下，残りの仮定も満たされていることをチェックしていきましょう．

$(a_n)_{n\in\mathbb{Z}_{\geqq 0}}$ と $(a_n')_{n\in\mathbb{Z}_{\geqq 0}}$ は同じ漸化式を満たしているのでした：
$$(n+1)^3 a_{n+1} - (34n^3 + 51n^2 + 27n + 5)a_n + n^3 a_{n-1} = 0,$$
$$(n+1)^3 a_{n+1}' - (34n^3 + 51n^2 + 27n + 5)a_n' + n^3 a_{n-1}' = 0.$$
それぞれに a_n' および a_n を掛けた
$$(n+1)^3 a_{n+1} a_n' - (34n^3 + 51n^2 + 27n + 5)a_n a_n' + n^3 a_{n-1} a_n' = 0,$$
$$(n+1)^3 a_n a_{n+1}' - (34n^3 + 51n^2 + 27n + 5)a_n a_n' + n^3 a_n a_{n-1}' = 0$$
の辺々を引くことにより
$$(n+1)^3 (a_n a_{n+1}' - a_{n+1} a_n') = n^3 (a_{n-1} a_n' - a_n a_{n-1}')$$
が得られ，よって
$$a_{n-1} a_n' - a_n a_{n-1}' = \frac{a_0 a_1' - a_1 a_0'}{n^3} = \frac{6}{n^3}$$
を得ます．ここで，$A_n := \zeta(3) - \frac{a_n'}{a_n}$ とおきます．正整数 n, m について $\binom{n}{m}\binom{n+m}{m} \geqq n^2$ であることに注意すると，0 以上 n 以下の整数 k に対して
$$\left| \sum_{m=1}^{k} \frac{(-1)^{m-1}}{2m^3 \binom{n}{m}\binom{n+m}{m}} \right| \leqq \frac{\zeta(3)}{2} \cdot \frac{1}{n^2}$$

3）素数定理を用いない初等的証明も知られています（[H]）．

と評価できます．すなわち，

$$c_{k,n} = \sum_{m=1}^{n} \frac{1}{m^3} + O(n^{-2}) \tag{5.2}$$

と表示した際のビッグ・オー定数は k に依存せずにとれるので，定理 5.3，定理 5.12 より

$$a_n' = a_n \left(\sum_{m=1}^{n} \frac{1}{m^3} + O(n^{-2}) \right)$$

となって，$\lim_{n \to \infty} A_n = 0$ がわかりました．よって，望遠鏡級数をとることによって

$$\sum_{k=n+1}^{\infty} (A_{k-1} - A_k) = A_n$$

が成り立ちます．

$$A_{k-1} - A_k = \frac{a_k'}{a_k} - \frac{a_{k-1}'}{a_{k-1}} = \frac{a_{k-1}a_k' - a_k a_{k-1}'}{a_{k-1}a_k} = \frac{6}{k^3 a_{k-1} a_k}$$

と合わせると，

$$\zeta(3) - \frac{a_n'}{a_n} = \sum_{k=n+1}^{\infty} \frac{6}{k^3 a_{k-1} a_k} \leqq \frac{6}{a_n^2} \sum_{k=n+1}^{\infty} \frac{1}{k^3} \leqq \frac{6\zeta(3)}{a_n^2} \tag{5.3}$$

なる等式と評価を得ます（a_n は明示式からわかるように単調増大です）．特に，最初の等式によって補題 5.11 の仮定(2)の成立がわかりました．

$(a_n)_{n \in \mathbb{Z}_{\geqq 0}}$ の満たす漸化式は

$$\left(1 + \frac{1}{n}\right)^3 a_{n+1} - \left(34 + \frac{51}{n} + \frac{27}{n^2} + \frac{5}{n^3}\right) a_n + a_{n-1} = 0$$

と変形でき，多項式 $x^2 - 34x + 1$ の 1 より大きい方の根は

$$\lambda := 17 + 12\sqrt{2} = (1 + \sqrt{2})^4$$

です．この事実から次の補題を証明することができます．

補題 5.14（証明は p.57）　$(a_n)_{n \in \mathbb{Z}_{\geqq 0}}$ は次の漸近挙動を示す：

$$a_n = \lambda^n e^{o(n)} \qquad (n \to \infty).$$

ここで，e はネイピア数．

よって，(5.3)および $\lambda^{-1} < 0.03$ より，十分大きい n に対して

$$0 < a_n \zeta(3) - a_n' \leqq \frac{6\zeta(3)}{a_n} = 6\zeta(3)\lambda^{-n} e^{o(n)} < 0.03^n$$

と評価でき，補題 5.11 の仮定(1)が $\varepsilon := 0.03$ として成立します．

$\varepsilon \Delta = 0.03 \times 27 = 0.81 < 1$ なので，補題 5.11 により $\zeta(3)$ が無理数であることが証明されました．

　有理数列の分母の制御には明示式を利用し（Δ を得る議論），漸近挙動を知る際には

漸化式が鍵になっていました(ε を得る議論). つまり, 同じ数列の2つの顔をともに使うことによって無理性が示されるのです(そして, 両者の均衡 "$\varepsilon\varDelta < 1$" が大事).

明示式と漸化式を結びつけるのは「漸化式を解くこと」と言い換えられますが, 高校で習ったタイプの漸化式とは難易度がまったく異なります. そもそも, アペリーがなぜこのような数列を思いついたのかが謎ですし, 答えがわかっていてもその証明は簡単ではありません.

補足説明

補題 5. 10 の証明 ξ が有理数であると仮定し, $\xi = q/p$ と表示する(p は正整数, q は整数). 仮定より, 十分大きい正整数 n であって, $I_n \neq 0$ および $p|I_n| < 1$ を満たすものが存在し, そのような n に対して

$$0 < p|I_n| = |s_n q - t_n p| < 1$$

が成り立つ. しかし, $s_n q - t_n p$ は整数なので, 0 と 1 の間に整数が存在することになってしまい, 矛盾が生じる. □

補題 5. 11 の証明 $s_n := \delta_n p_n,\ t_n := \delta_n q_n$ とすれば, 補題 5. 10 の状況になる. □

補題 5. 13 の証明 $d_n^3 \sum\limits_{m=1}^{n} \dfrac{1}{m^3} \in \mathbb{Z}$ は自明なので, $m \leq k \leq n$ に対して

$$\frac{d_n^3 \binom{n+k}{k}}{m^3 \binom{n}{m}\binom{n+m}{m}} \in \mathbb{Z}$$

を示せばよい. それは任意の素数 p に対して

$$\mathrm{ord}_p\left(\frac{m^3 \binom{n}{m}\binom{n+m}{m}}{\binom{n+k}{k}}\right) \leq 3\mathrm{ord}_p(d_n) = 3\lfloor \log_p n \rfloor$$

を示すことに他ならない. ルジャンドルの公式[4]により二項係数の p 進付値は

$$\mathrm{ord}_p\binom{n}{m} = \mathrm{ord}_p\left(\frac{n!}{m!(n-m)!}\right) = \sum_{i=1}^{\lfloor \log_p n \rfloor}\left(\left\lfloor \frac{n}{p^i}\right\rfloor - \left\lfloor \frac{m}{p^i}\right\rfloor - \left\lfloor \frac{n-m}{p^i}\right\rfloor\right)$$

で計算できる. 一般に $\lfloor x+y \rfloor - \lfloor x \rfloor - \lfloor y \rfloor = 0\ \mathrm{or}\ 1$ であり, x が整数のときは必ず 0 であることから, 不等式

$$\mathrm{ord}_p\binom{n}{m} \leq \lfloor \log_p n \rfloor - \mathrm{ord}_p(m)$$

---

4) 正整数 n に対して, $n!$ の p 進付値は $\mathrm{ord}_p(n!) = \sum\limits_{i=0}^{\lfloor \log_p n \rfloor}\left\lfloor \dfrac{n}{p^i}\right\rfloor$ で与えられるという公式.

を得る. よって,

$$\mathrm{ord}_p\left(\frac{m^3\binom{n}{m}\binom{k}{m}}{\binom{n+k}{k-m}}\right) \le 3\,\mathrm{ord}_p(m) + \lfloor\log_p n\rfloor + \lfloor\log_p k\rfloor - 2\,\mathrm{ord}_p(m)$$

$$= \mathrm{ord}_p(m) + \lfloor\log_p n\rfloor + \lfloor\log_p k\rfloor \le 3\lfloor\log_p n\rfloor$$

と評価でき,

$$\binom{k}{m}\binom{n+k}{k} = \binom{n+m}{m}\binom{n+k}{k-m}$$

に注意すれば証明が完了する. $\qquad\square$

　補題 5.14 は [P] におけるポアンカレの定理を用いると証明できます. ここでは 3 項間漸化式の特別な場合に限定した形で紹介します.

定理* 5.15（ポアンカレ）　次の形の漸化式を満たす複素数列 $(u_n)_{n\in\mathbb{Z}_{\ge 0}}$ を考える:
$$u_{n+1} = c_1(n)u_n + c_2(n)u_{n-1}, \qquad n \ge 1.$$
ここで, $(c_1(n))_{n\in\mathbb{Z}_{\ge 1}}$ と $(c_2(n))_{n\in\mathbb{Z}_{\ge 1}}$ も複素数列である. もし, $i \in \{1,2\}$ に対して $\lim_{n\to\infty} c_i(n) = c_i \in \mathbb{C}$ が成り立ち, 漸化式 $u'_{n+1} = c_1 u'_n + c_2 u'_{n-1}$ の特性方程式 $x^2 = c_1 x + c_2$ が絶対値の異なる 2 解 λ_1, λ_2 を持つならば, 十分大きいすべての n に対して $u_n = 0$ であるか, ある $i \in \{1,2\}$ が存在して次が成り立つ:
$$\lim_{n\to\infty}\frac{u_{n+1}}{u_n} = \lambda_i.$$

補題 5.14 の証明　ポアンカレの定理により, アペリー数の場合は
$$\lim_{n\to\infty}\frac{a_{n+1}}{a_n} = \lambda$$
が成り立つことがわかる. $v_n := a_n\lambda^{-n} > 0,\ l_n := \log(v_n)$ とおく. このとき, 示すべきことは $l_n = o(n)$ である. まず,
$$\lim_{n\to\infty}(l_{n+1}-l_n) = \lim_{n\to\infty}\log\left(\frac{v_{n+1}}{v_n}\right) = \log\left(\lim_{n\to\infty}\frac{v_{n+1}}{v_n}\right) = 0.$$
よって, 任意の $\varepsilon > 0$ に対してある $N \in \mathbb{Z}_{>0}$ が存在し,
$$n \ge N \implies |l_n - l_N| \le \sum_{j=N+1}^{n}|l_j - l_{j-1}| < \frac{\varepsilon}{2}\cdot(n-N)$$
が成り立ち, 十分大きい n に対して
$$\left|\frac{l_n}{n}\right| < \frac{\varepsilon}{2}\cdot\left(1-\frac{N}{n}\right) + \left|\frac{l_N}{n}\right| < \varepsilon$$
と評価できる. これは $l_n = o(n)$ を示している. $\qquad\square$

定理 5.3 の証明

$$a_{k,n} := \binom{n}{k}^2 \binom{n+k}{k}^2 = \frac{(n+k)!^2}{k!^4(n-k)!^2} \tag{5.4}$$

とおき，$\sum_{k=0}^{n} a_{k,n}$ が漸化式 (5.1) を満たすこと，すなわち

$$(n+1)^3 \sum_{k=0}^{n+1} a_{k,n+1} - (34n^3+51n^2+27n+5) \sum_{k=0}^{n} a_{k,n} + n^3 \sum_{k=0}^{n-1} a_{k,n-1} = 0$$

が成り立つことを示せばよい．これは

$$\sum_{k=0}^{n} \{(n+1)^3 a_{k,n+1} - (34n^3+51n^2+27n+5)a_{k,n} + n^3 a_{k,n-1}\}$$
$$+ (n+1)^3 a_{n+1,n+1} = 0 \tag{5.5}$$

と書き直せる．ここで，$A_{k,n}$ を

$$A_{k,n} := 4(2n+1)\{k(2k+1)-(2n+1)^2\}\binom{n}{k}^2\binom{n+k}{k}^2 \tag{5.6}$$

と定義しよう．このとき，

$$(n+1)^3 a_{k,n+1} - (34n^3+51n^2+27n+5)a_{k,n} + n^3 a_{k,n-1} = A_{k,n} - A_{k-1,n} \tag{5.7}$$

が成り立つ．というのも，

$$(5.7) \text{の左辺} \times \frac{k!^4(n-k+1)!^2}{(n+k-1)!^2}$$
$$= (n+1)^3(n+k)^2(n+k+1)^2$$
$$\quad - (34n^3+51n^2+27n+5)(n-k+1)^2(n+k)^2$$
$$\quad + n^3(n-k)^2(n-k+1)^2$$

であり，

$$(5.7) \text{の右辺} \times \frac{k!^4(n-k+1)!^2}{(n+k-1)!^2}$$
$$= 4(2n+1)\{k(2k+1)-(2n+1)^2\}(n-k+1)^2(n+k)^2$$
$$\quad - 4(2n+1)\{(k-1)(2k-1)-(2n+1)^2\}k^4$$

であるが，これらはともに

$$-4k^2 + 12k^3 - 4k^4$$
$$-8kn - 8k^2n + 64k^3n - 24k^4n$$
$$-4n^2 - 52kn^2 + 40k^2n^2 + 120k^3n^2 - 48k^4n^2$$
$$-32n^3 - 128kn^3 + 160k^2n^3 + 80k^3n^3 - 32k^4n^3$$
$$-100n^4 - 140kn^4 + 200k^2n^4$$
$$-152n^5 - 56kn^5 + 80k^2n^5$$
$$-112n^6$$
$$-32n^7$$

と等しいことを直接確認できるからである．さて，

$$A_{n,n} = 4(2n+1)\{n(2n+1)-(2n+1)^2\}\binom{2n}{n}^2$$

$$= -4(n+1)(2n+1)^2\binom{2n}{n}^2$$

かつ $(n+1)\binom{2n+2}{n+1} = 2(2n+1)\binom{2n}{n}$ より $A_{n,n} = -(n+1)^3 a_{n+1,n+1}$ が成り立つので，(5.7)より

$$(5.5)の左辺 = \sum_{k=0}^{n}(A_{k,n}-A_{k-1,n})+(n+1)^3 a_{n+1,n+1}$$

$$= A_{n,n}-A_{-1,n}+(n+1)^3 a_{n+1,n+1} = 0$$

が示された． □

定理 5.12 の証明　(5.4)の記号 $a_{k,n}$ を用いると，示すべきことは

$$(n+1)^3\sum_{k=0}^{n+1} a_{k,n+1}c_{k,n+1}-(34n^3+51n^2+27n+5)\sum_{k=0}^{n} a_{k,n}c_{k,n}+n^3\sum_{k=0}^{n-1} a_{k,n-1}c_{k,n-1}=0$$

である．これは

$$\sum_{k=0}^{n}\{(n+1)^3 a_{k,n+1}c_{k,n+1}-(34n^3+51n^2+27n+5)a_{k,n}c_{k,n}$$
$$+n^3 a_{k,n-1}c_{k,n-1}\}+(n+1)^3 a_{n+1,n+1}c_{n+1,n+1}=0 \tag{5.8}$$

と書き直せる．ここで，$B_{k,n}$ を(5.6)の記号 $A_{k,n}$ を用いて

$$B_{k,n} := A_{k,n}c_{k,n}+\frac{5(2n+1)(-1)^{k-1}k}{n(n+1)}\binom{n}{k}\binom{n+k}{k}$$

と定義しよう．このとき，

$$(n+1)^3 a_{k,n+1}c_{k,n+1}-(34n^3+51n^2+27n+5)a_{k,n}c_{k,n}+n^3 a_{k,n-1}c_{k,n-1}$$
$$= B_{k,n}-B_{k-1,n} \tag{5.9}$$

が成り立つことを証明する．(5.7)より左辺は

$$A_{k,n}c_{k,n}-A_{k-1,n}c_{k-1,n}+A_{k-1,n}(c_{k-1,n}-c_{k,n})$$
$$+(n+1)^3 a_{k,n+1}(c_{k,n+1}-c_{k,n})-n^3 a_{k,n-1}(c_{k,n}-c_{k,n-1})$$

に等しいので，

$$A_{k-1,n}(c_{k-1,n}-c_{k,n})+(n+1)^3 a_{k,n+1}(c_{k,n+1}-c_{k,n})-n^3 a_{k,n-1}(c_{k,n}-c_{k,n-1})$$

$$= \frac{5(2n+1)(-1)^{k-1}k}{n(n+1)}\binom{n}{k}\binom{n+k}{k}$$

$$-\frac{5(2n+1)(-1)^k(k-1)}{n(n+1)}\binom{n}{k-1}\binom{n+k-1}{k-1} \tag{5.10}$$

を示せばよい．よって，$c_{k-1,n}-c_{k,n}$ および $c_{k,n}-c_{k,n-1}$ を知りたいが，

$$c_{k-1,n} - c_{k,n} = \frac{(-1)^k}{2k^3\binom{n}{k}\binom{n+k}{k}} =: C_{k,n}$$

は定義から即座に確かめられる．また，望遠鏡和のテクニックによって

$c_{k,n} - c_{k,n-1}$

$$= \frac{1}{n^3} + \sum_{m=1}^{k}(-C_{m,n} + C_{m,n-1})$$

$$= \frac{1}{n^3} + \sum_{m=1}^{k}\frac{(-1)^m(m-1)!^2(n-m-1)!}{(n+m)!}$$

$$= \frac{1}{n^3} + \sum_{m=1}^{k}\left(\frac{(-1)^m m!^2(n-m-1)!}{n^2(n+m)!} - \frac{(-1)^{m-1}(m-1)!^2(n-m)!}{n^2(n+m-1)!}\right)$$

$$= \frac{(-1)^k k!^2(n-k-1)!}{n^2(n+k)!}$$

と計算できる．これらを代入して，ウリャ〜っと計算すると(5.10)が証明される．

$c_{k,n} - c_{k,n-1}$ の計算を利用すると

$$\sum_{m=1}^{n-1}(C_{m,n} - C_{m,n-1}) = \frac{1}{n^3} - \frac{2(-1)^{n-1}}{n^3\binom{2n}{n}}$$

が得られるため，N を正整数として

$$\sum_{n=1}^{N}\sum_{m=1}^{n-1}(C_{m,n} - C_{m,n-1}) = \sum_{n=1}^{N}\frac{1}{n^3} - 2\sum_{n=1}^{N}\frac{(-1)^{n-1}}{n^3\binom{2n}{n}}.$$

一方，二重和の交換により

$$\sum_{n=1}^{N}\sum_{m=1}^{n-1}(C_{m,n} - C_{m,n-1}) = \sum_{m=1}^{N}\sum_{n=m+1}^{N}(C_{m,n} - C_{m,n-1})$$

$$= \sum_{m=1}^{N}(C_{m,N} - C_{m,m})$$

$$= \sum_{m=1}^{N}C_{m,N} + \frac{1}{2}\sum_{m=1}^{N}\frac{(-1)^{m-1}}{m^3\binom{2m}{m}}$$

なので，合わせると（$N \mapsto n$ と置き換えて）

$$c_{n,n} = \frac{5}{2}\sum_{m=1}^{n}\frac{(-1)^{m-1}}{m^3\binom{2m}{m}}$$

が示された[5]．したがって，

5）$n \to \infty$ とすると，（5.2）より，有名なマルコフの等式 $\zeta(3) = \dfrac{5}{2}\sum_{m=1}^{\infty}\dfrac{(-1)^{m-1}}{m^3\binom{2m}{m}}$ が得られます．

$$B_{n,n} = A_{n,n}c_{n,n} + \frac{5(2n+1)(-1)^{n-1}}{n+1}\binom{2n}{n}$$

$$= -(n+1)^3 a_{n+1,n+1} \cdot \frac{5}{2}\sum_{m=1}^{n}\frac{(-1)^{m-1}}{m^3\binom{2m}{m}}$$

$$-(n+1)^3 a_{n+1,n+1} \cdot \frac{5}{2} \cdot \frac{(-1)^n}{(n+1)^3\binom{2n+2}{n+1}}$$

$$= -(n+1)^3 a_{n+1,n+1}c_{n+1,n+1}$$

と計算でき，(5.9) より

$$(5.8) の左辺 = \sum_{k=0}^{n}(B_{k,n}-B_{k-1,n}) + (n+1)^3 a_{n+1,n+1}c_{n+1,n+1}$$

$$= B_{n,n} - B_{-1,n} + (n+1)^3 a_{n+1,n+1}c_{n+1,n+1} = 0$$

に到達する．これで証明が完了した． □

　アペリー数は $\zeta(3)$ の無理数性を証明するために世に現れた整数列ですが，その後多くの数学者に興味を持たれてさまざまな角度から研究されています．ここでは1つだけその性質を紹介しましょう．

　アペリー数の数値を眺めていると 5 の倍数が非常に多いです．a_0 から a_{100} までのアペリー数であって，5 の倍数ではないものの添字の番号は

$$0, 2, 4, 10, 12, 14, 20, 22, 24, 50, 52, 54, 60, 62, 64, 70, 72, 74, 100$$

です．これらの数を 5 進法表示すると，はっきりと規則性が見えてきます：

$$0_{(5)}, 2_{(5)}, 4_{(5)}, 20_{(5)}, 22_{(5)}, 24_{(5)}, 40_{(5)}, 42_{(5)}, 44_{(5)}, 200_{(5)}, 202_{(5)},$$
$$204_{(5)}, 220_{(5)}, 222_{(5)}, 224_{(5)}, 240_{(5)}, 242_{(5)}, 244_{(5)}, 400_{(5)}.$$

例えば，$64 = 224_{(5)}$ です．実は，次が成り立ちます．

　定理 5.16 非負整数 n の 5 進法表示における桁の数のうち少なくとも 1 つが奇数（1 または 3）であることは，アペリー数 a_n が 5 の倍数になるための必要十分条件である．

　より強く次の定理が証明されています（[G]）．

　定理 5.17 p を素数とし，n を非負整数とする．n が $n = c_0 + c_1 p + \cdots + c_l p^l$ と p 進展開されるならば $(0 \leq c_i \leq p-1)$，

$$a_n \equiv a_{c_0}a_{c_1}\cdots a_{c_l} \pmod{p}$$

が成り立つ．

a_1, a_3 が 5 の倍数であり，a_0, a_2, a_4 が 5 の倍数ではないことから，定理 5.16 は定理 5.17 の系であることがわかります．

定理 5.17 の証明　非負整数 s, t で $s \leqq p-1$ を満たすものに対して，

$$a_{s+pt} \equiv a_s a_t \pmod{p}$$

が成り立つことを示せば十分である．もう 1 組，非負整数 s', t' で $s' \leqq p-1$ を満たすものをとったときに

$$\binom{s+pt}{s'+pt'} \equiv \binom{s}{s'}\binom{t}{t'} \pmod{p}$$

が成り立つことはリュカの合同式として有名である（証明略）．よって，定理 5.3 より

$$
\begin{aligned}
a_{s+pt} &= \sum_{k=0}^{s+pt} \binom{s+pt}{k}^2 \binom{s+pt+k}{k}^2 \\
&= \sum_{i=0}^{p-1}\sum_{j=0}^{t} \binom{s+pt}{i+pj}^2 \binom{s+pt+i+pj}{i+pj}^2 \\
&\equiv \sum_{i=0}^{p-1}\sum_{j=0}^{t} \binom{s}{i}^2\binom{t}{j}^2 \binom{s+i}{i}^2\binom{t+j}{j}^2 \\
&= \left(\sum_{i=0}^{s} \binom{s}{i}^2\binom{s+i}{i}^2\right)\left(\sum_{j=0}^{t} \binom{t}{j}^2\binom{t+j}{j}^2\right) \\
&= a_s a_t \pmod{p}
\end{aligned}
$$

と計算できる（$p \leqq s+i < 2p$ のときは $\binom{s+i}{i} \equiv 0 \pmod{p}$ に注意せよ）．　　　□

研究課題

課題 5.1　$\zeta(5)$ が無理数であることを証明せよ．そして，究極的にはリーマンゼータ値の代数的独立性予想（予想 5.8）を解決せよ．

課題 5.2　実はリーマンゼータ値の代数的独立性予想の先に多重ゼータ値に関するザギエの次元予想 [Z] があり，その先に周期に関するコンセビッチ–ザギエ予想（[KZ]）がある．弱い主張から順番に証明されていくのか，それとも強い主張が先に証明されるのか[6]，それは現時点ではわからない．何にせよ，いつかはコンセビッチ–ザギエ予想を解く勇者が現れることを望む．

アペリーの証明の直後にボイカーズがアペリーの定理の美しい別証明を与えました（[B]）．アペリーが謎の $\zeta(3)$ の有理近似列を裸の形で見出したのに対し，ボイカーズ

6）数学では強い主張の方がかえって解きやすくなることもあります．

はコンセビッチ−ザギエの周期としての積分表示で与えています。いわば積分という衣をまとった状態にしたのです。そうして、Δ を得る議論と ε を得る議論は2種類の積分表示を得ることによって実行されます。2種類の積分表示の一致は積分の基本変形によって示されるのであり、まさにコンセビッチ−ザギエ予想の哲学に則っていると言えるでしょう。

●参考文献

[A] R. Apéry, *Irrationalité de $\zeta(2)$ et $\zeta(3)$*, Astérisque **61** (1979), 11-13.

[B] F. Beukers, *A note on the irrationality of $\zeta(2)$ and $\zeta(3)$*, Bull. London Math. Soc. **11** (1979), 268-272.

[G] I. Gessel, *Some congruences for Apéry numbers*, J. Number Theory **14** (1982), 362-368.

[H] D. Hanson, *On the product of the primes*, Canad. Math. Bull. **15**, (1972), 33-37.

[KZ] M. Kontsevich, D. Zagier, *Periods*, In Mathematics unlimited-2001 and beyond, 771-808, Springer, 2001.

[P] H. Poincaré, *Sur les Equations Linéaires aux Différentielles ordinaires et aux Différences finies*, Amer. J. Math. **7** (1885), 203-258.

[vdP] A. van der Poorten, *A proof that Euler missed ...: Apéry's proof of the irrationality of $\zeta(3)$. An informal report*, Math. Intelligencer **1** (1979), 195-203.

[Z] D. Zagier, *Values of zeta functions and their applications*, First European Congress of Mathematics, Vol. II (Paris, 1992), Progr. Math. **120**, Birkhäuser, 1994, 497-512.

第6話
弱い素数

どうしよう
どうしよう

迷路がどんどん
意味わからなく…

そんなときは…
飛べばいいんで
すよ！

なんで飛ばな
かったの？

それっ

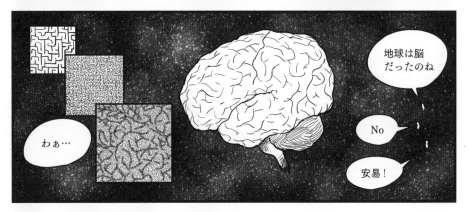

わぁ…

地球は脳
だったのね

No

安易！

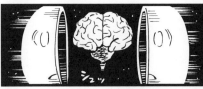

シュッ

シュ

シュ

任意に1つの桁の数を選んで その数を他の数に変えると
素数でなくなってしまうような素数のことを
「弱い素数」といいます

このように
私 294001 自身は
素数だけど
ずらした 54 通りの
数はすべて
合成数になるの

むしろそれだけの条件をみたすことに
クソ強さを感じるのだわ…

いくつぐらい
あるのかしら

実は無限性が
証明されているわ

というかより強く フィールズ賞受賞者の
テレンス・タオが 2011 年出版の論文で
次の定理を証明してるの

$$\#\left\{p\in P\cap[N,(1+1/K)N]\ \middle|\ \begin{array}{l}|kp\pm ja^i|\in C\\(1\le{}^\forall a,{}^\forall j,{}^\forall k\le K,0\le{}^\forall i\le K\log N)\end{array}\right\}$$
$$\ge c_K\frac{N}{\log N}\ \text{for}\ N\gg1\ \text{and}\ {}^\exists c_K>0.$$

K は正整数、P は素数全体の集合、C は合成数全体の集合。

えっ

無数に
存在するの!?

要するに
10 進法以外のバージョンで考えても
弱い素数は無数に存在し
素数全体で正の割合は存在するわよ

やりたい
放題ね！

お腹へった…
うごけない

弱いなあ

謎の空間で
寝始めた

強い

第 6 話　弱い素数　　65

数学的解説

定義 6.1（OEIS：A050249）　正整数の十進法表記において，任意に 1 つの桁の数を選び，その数を他の数（ただし，0, 1, 2, …, 9 のいずれか）に変えると合成数となるような素数のことを**弱い素数**という．

最小の弱い素数は 294001 です．つまり，294001 自身は素数であって，任意に 1 つの桁の数を選んで他の数（0 から 9）に変えてできる $6 \times 9 = 54$ 通りの数はすべて合成数となります：

$94001 = 23 \times 61 \times 67,$　　　$290001 = 3 \times 96667,$　　　$294011 = 41 \times 71 \times 101,$

$194001 = 3 \times 64667,$　　　$291001 = 397 \times 733,$　　　$294021 = 3^2 \times 7 \times 13 \times 359,$

$394001 = 47 \times 83 \times 101,$　　　$292001 = 29 \times 10069,$　　　$294031 = 29 \times 10139,$

$494001 = 3^2 \times 131 \times 419,$　　　$293001 = 3 \times 101 \times 967,$　　　$294041 = 11 \times 26731,$

$594001 = 73 \times 79 \times 103,$　　　$295001 = 7 \times 17 \times 37 \times 67,$　　　$294051 = 3 \times 98017,$

$694001 = 7 \times 11 \times 9013,$　　　$296001 = 3^3 \times 19 \times 577,$　　　$294061 = 157 \times 1873,$

$794001 = 3 \times 13 \times 20359,$　　　$297001 = 43 \times 6907,$　　　$294071 = 409 \times 719,$

$894001 = 587 \times 1523,$　　　$298001 = 11 \times 27091,$　　　$294081 = 3 \times 61 \times 1607,$

$994001 = 239 \times 4159,$　　　$299001 = 3 \times 99667,$　　　$294091 = 7 \times 42013,$

$204001 = 7 \times 151 \times 193,$　　　$294101 = 19 \times 23 \times 673,$　　　$294000 = 2^4 \times 3 \times 5^3 \times 7^2,$

$214001 = 173 \times 1237,$　　　$294201 = 3^2 \times 97 \times 337,$　　　$294002 = 2 \times 29 \times 37 \times 137,$

$224001 = 3^2 \times 24889,$　　　$294301 = 7 \times 42043,$　　　$294003 = 3^3 \times 10889,$

$234001 = 29 \times 8069,$　　　$294401 = 83 \times 3547,$　　　$294004 = 2^2 \times 31 \times 2371,$

$244001 = 17 \times 31 \times 463,$　　　$294501 = 3 \times 89 \times 1103,$　　　$294005 = 5 \times 127 \times 463,$

$254001 = 3 \times 11 \times 43 \times 179,$　　　$294601 = 151 \times 1951,$　　　$294006 = 2 \times 3 \times 19 \times 2579,$

$264001 = 227 \times 1163,$　　　$294701 = 11 \times 73 \times 367,$　　　$294007 = 7 \times 97 \times 433,$

$274001 = 7 \times 13 \times 3011,$　　　$294801 = 3 \times 13 \times 7559,$　　　$294008 = 2^3 \times 11 \times 13 \times 257,$

$284001 = 3 \times 137 \times 691,$　　　$294901 = 29 \times 10169,$　　　$294009 = 3 \times 23 \times 4261.$

桁に現れる数を 1 つ取り替えるだけで素数でなくなってしまうという繊細さ，もろさから弱い素数と名付けられたのでしょうか．しかしながら，与えられた素数が弱い素数であるためには大量の条件が要求されるわけですから，その存在性は数学的には強いといいますか，非自明です．

弱い素数を小さい順に 100 個列挙すると以下のようになります：

294001, 505447, 584141, 604171, 971767, 1062599, 1282529, 1524181,

2017963, 2474431, 2690201, 3085553, 3326489, 4393139, 5152507, 5564453,

5575259, 6173731, 6191371, 6236179, 6463267, 6712591, 7204777, 7469789, 7469797, 7858771, 7982543, 8090057, 8353427, 8532761, 8639089, 9016079, 9537371, 9608189, 9931447, 10506191, 10564877, 11124403, 11593019, 12325739, 14075273, 14090887, 14151757, 15973733, 16497121, 17412427, 17412599, 17424721, 18561293, 18953677, 19851991, 20212327, 20414561, 21044557, 21089489, 21281479, 21496661, 21668839, 21717601, 22138349, 22431391, 22480351, 23228479, 23274191, 23462969, 25081361, 25151927, 25475617, 25556941, 25768091, 25872199, 25948847, 26024267, 26521721, 27242179, 27245539, 27425521, 27465103, 27469241, 28046353, 28070047, 28978889, 29136091, 29348797, 29638519, 30791767, 30915637, 30964013, 31240481, 32524313, 33051769, 34302127, 34349969, 34586371, 35009671, 35319367, 35355923, 35673679, 35954509, 36221597.

意外にたくさんあります．たくさんあるどころか，実は無限にあることが証明されています．素数と加法が絡む問題なので難しそうに思えるのですが，弱い素数が無限にあることは予想ではなく，既に定理なのです．それだけにとどまらず，もっと強い次の定理がフィールズ賞受賞者のテレンス・タオによって，2011 年出版の論文で証明されています．

定理 6.2（タオ[T]，証明は p.70） K を正整数とする．このとき，正整数 $N_0(K)$ および正の実数 $c_K > 0$ が存在して，以下が成立する．$N \geq N_0(K)$ を満たす整数 N に対して，N 以上 $(1+1/K)N$ 以下の素数 p であって，$1 \leq a, j, k \leq K$ および $0 \leq i \leq K \log N$ を満たす任意の整数 a, j, k, i に対して $|kp \pm ja^i|$ が合成数となるようなものは，少なくとも $c_K N / \log N$ 個存在する．

例えば，$p = 294001$ については
$$194001 = p - 1 \times 10^5,$$
$$297001 = p + 3 \times 10^3,$$
$$294009 = p + 8 \times 10^0$$
のように，合成数であってほしい数は $p \pm j \times 10^i$ の形で表されることがわかります．すると，タオの定理はたしかに弱い素数を扱っているのですが，a は K 以下の正整数であれば何でもよいと書いてあるので，例えば $K = 10$ の場合を考えても，二進法，三進法，…，十進法のすべてについて同時に（各進法におけるバージョンの）弱い素数となるような素数 p まで扱っていることがわかります．それどころか，$|kp \pm ja^i|$ における k も K 以下の正整数であれば何でもよいといっているので，例えば $K = 10$ の場合は $2p, 3p, \cdots, 10p$ についても同時に各桁の数の取り替えで合成数になるようなもの

まで扱っていることになります．各変数の範囲を見ると微妙にもう少し多くの数が合成数になってもよいといっていて，とにかく最初に考えた弱い素数の定義そのものよりはだいぶ一般的な性質を満たす素数の無限性の証明に成功していることがわかります．さらに，定量的にも素数全体における相対密度が正だということまで主張しており，単に無限にあるどころか，それなりの頻度で出現するという意外なことまで証明できているのです．弱い素数の無限性だけでもこちらは驚くのに，タオ先生オーバーキルですよ，という感じですね．

補足説明

タオの定理の証明の概略を述べます．証明には算術級数定理（定理4.8）の精密化とセルバーグの篩からわかることを利用しますが，本書ではこれらはブラックボックスとします．

定義 6.3（OEIS：A000010）　正整数 n に対して，n と互いに素な n 以下の正整数の個数を $\varphi(n)$ と表し，対応 $n \mapsto \varphi(n)$ が与える関数を**オイラーのトーシェント関数**とよぶ．

定理* 6.4（算術級数定理の精密化）　a と b を互いに素な正整数とし，$\mathcal{P}_{\equiv b(a)} := \{p \in \mathcal{P} \mid p \equiv b \,(\mathrm{mod}\, a)\}$ とおく．このとき，

$$\sum_{p \in \mathcal{P}_{\equiv b(a)}} \frac{1}{p} = \infty \tag{6.1}$$

および

$$\#\{p \leq x \mid p \in \mathcal{P}_{\equiv b(a)}\} = (1 + o(1)) \cdot \frac{1}{\varphi(a)} \cdot \frac{x}{\log x} \quad (x \to \infty) \tag{6.2}$$

が成り立つ．

(6.1)は L 関数を用いた算術級数定理の標準的な証明から同時に得られますが，(6.2)は素数定理の証明と同等の議論が追加で必要となります．

次の定理はセルバーグの篩を用いて証明することができます．

定理* 6.5　b を正整数，W を正の偶数とし，h, k を 0 でない整数とする．このとき，W のみに依存する正の実数 $x_0(W)$ および k のみに依存する正の実数 c_k が存在して，$x \geq x_0(W)$ に対して

$$\#\{m \leq x \mid m \in \mathcal{P}_{\equiv b(W)}, \ |km + h| \in \mathcal{P}\}$$

$$\leq \frac{c'_k x}{W \log^2 x} \prod_{p \in \mathcal{P}, p \mid W} \left(1 - \frac{1}{p}\right)^{-2} \prod_{p \in \mathcal{P}, p \mid h, p \nmid W} \left(1 - \frac{1}{p}\right)^{-1}$$

が成り立つ.

この定理の特別な場合にアーベルの総和公式を適用すると，以下が得られます.

系 6.6（ブルンの定理） m と j を正整数とする．このとき，p と $mp+j$ が同時に素数となるような p の逆数の総和

$$\sum_{p \in \mathcal{P}, mp+j \in \mathcal{P}} \frac{1}{p} \tag{6.3}$$

は収束する.

$m = 1$, $j = 2$ の場合，p と $p+2$ が同時に素数となるような $(p, p+2)$ は**双子素数**とよばれています（OEIS：A001359, A006512）．双子素数の無限性は未解決問題ですが，逆数の総和が収束するぐらいには希薄にしか存在しないことが示されているというわけです.

タオの定理の証明に使う，ある性質を満たす素数の集合の存在性に関する補題から始めましょう.

補題 6.7 K, M を正整数とする．このとき，以下の条件を満たす，有限個の素数からなる集合 $P \subset \mathcal{P}$ が存在する.

（1） 各 $a \in [2, K] \cap \mathbb{Z}$ ごとに以下の(2), (3)を満たす集合 P_a が存在し，

$$P = \bigcup_{a=2}^{K} P_a$$

および $a \neq a' \Longrightarrow P_a \cap P_{a'} = \emptyset$ が成り立つ.

（2） 任意の $a \in [2, K] \cap \mathbb{Z}$, $p \in P_a$ に対し，ある奇素数 q_p が存在して

$$q_p \geq Mp, \qquad a^p \equiv 1 \pmod{q_p}$$

が成り立つ．さらに，写像 $P \ni p \mapsto q_p \in \mathcal{P}$ は単射である.

（3） 任意の $a \in [2, K] \cap \mathbb{Z}$ に対して

$$M \leq \sum_{p \in P_a} \frac{1}{p} < M+1 \tag{6.4}$$

が成り立つ.

証明 $K = 1$ のときは主張がないとみなし，$K \geq 2$ とする．$a \in [2, K] \cap \mathbb{Z}$ に関する帰納法で証明するために，$P_2, P_3, \cdots, P_{a-1}$ までが得られたと仮定し，所望の集合 P_a が存在することを証明する．R を a と互いに素な a 以下の正整数の積とする：

$$R := \prod_{1 \leq n \leq a, (n,a)=1} n.$$

また, A を $a \bmod R^a$ の $(\mathbb{Z}/R^a\mathbb{Z})^\times$ における位数[1]とし, p を $p \equiv 1 \pmod{A}$ を満たす素数とする. このとき, $a^p - 1 \equiv a - 1 \pmod{R^a}$ が成り立つ. よって, a 未満の素数 q に対して $q^a | a^p - 1$ を仮定すると, $q^a | R^a$ と合わせて $q^a | a - 1$ となり, $2^a \leqq q^a < a$ と矛盾する. すなわち, $q < a$ なる素数 q に対して $\mathrm{ord}_q(a^p - 1) < a$ が示された. もし, $a^p - 1$ の素因数がすべて a 未満だと

$$a^p - 1 = \prod_{q \in \mathcal{P}, q < a} q^{\mathrm{ord}_q(a^p-1)} < \prod_{q \in \mathcal{P}, q < a} q^a < \prod_{q \in \mathcal{P}, q < a} a^a < a^{a^2}$$

となるので, $p > a^2$ であれば矛盾する. したがって, $p > a^2$ のとき, $a^p - 1$ の最大素因数は a より大きいことがわかった[2]. ここで, 定理 6.4 (6.1) とブルンの定理(系 6.6)より, 次の性質を満たす無限集合 $P' \subset \mathcal{P}$ の存在がわかる:

- 任意の $p \in P'$ に対して, $p > a^2$.
- 任意の $p \in P'$ に対して, $p \equiv 1 \pmod{A}$.
- P' は $P_2, \cdots, P_{a-1}$ と共通部分をもたない.
- 任意の $p \in P'$ と任意の M 以下の正整数 m に対して, $mp + 1$ は合成数.
- $\sum_{p \in P'} \dfrac{1}{p} = \infty$.

このような P' を 1 つとり, 各 $p \in P'$ に対して, q_p を $a^p - 1$ の最大素因数と定義する. 直前で確認した事実から $q_p > a$ であり, $a^p \equiv 1 \pmod{q_p}$ かつ p は素数なので, $a \bmod q_p$ の $(\mathbb{Z}/q_p\mathbb{Z})^\times$ における位数は p に決まる. このことから, 各 q_p たち $(p \in P')$ は互いに相異なることがわかる. 有限集合 P_a は P' の部分集合であって(6.4)を満たし, P_a に属する p に対する q_p たちが $P_2, \cdots, P_{a-1}$ に属する p に対するいずれの q_p (これは帰納法の仮定で存在がわかってるもの)とも異なるように選ぼう. フェルマーの小定理(後ほど第 8 話で紹介する. 定理 8.1)より $p | q_p - 1$ であり, ある正整数 m が存在して, $q_p = mp + 1$ と書ける. P' の性質により, $1 \leqq m \leqq M$ だと矛盾するので, $m > M$ である. 特に, $q_p \geqq Mp$ であり, 所望の性質はすべて確認された(帰納法のスタートである $a = 2$ の場合は, 上記議論においていくつかの部分を単純化した形で示せる). これを $a = K$ まで続ければよい. □

定理 6.2 の証明 K を正整数とし, $M_0(K)$ を K に依存して定まる(以下の証明の議論が成立するだけ)十分大きい整数とする. M を $M_0(K)$ 以上の整数とし, P を補題 6.7 で存在する素数の集合とする. $N_0(K, P)$ を K と P に依存して定まる(以下の証明の議論が成立するだけ)十分大きい整数とする. N を $N_0(K, P)$ 以上の整数とす

---

1) 群 $(\mathbb{Z}/R^a\mathbb{Z})^\times$ の元としての位数. 今の場合, $a^e \equiv 1 \pmod{R^a}$ が成り立つような最小の正整数 e.
2) 最大素因数が a であれば, $a | a^p - 1$ となって矛盾する. よって, 最大素因数は a より真に大きい.

る．集合 S を
$$S := \{(j,k) \in \mathbb{Z}^2 \mid -K \leqq j \leqq K,\ 1 \leqq k \leqq K,\ j \neq 0\}$$
と定める．各 $a \in [2,K] \cap \mathbb{Z}$ について，

- $P_a = \bigcup_{(j,k) \in S} P_{a,j,k}$.
- 任意の $(j,k) \in S$ に対して $\dfrac{M}{3K^2} \leqq \displaystyle\sum_{p \in P_{a,j,k}} \frac{1}{p} \leqq \dfrac{M}{K^2}$.

が成り立つように集合 P_a を分割しておく．また，W を
$$W := 2 \prod_{p \in P} q_p$$
と定め，W と互いに素な整数 b を「任意の $a \in [2,K] \cap \mathbb{Z}$，任意の $(j,k) \in S$，任意の $p \in P_{a,j,k}$ に対して，$kb+j \equiv 0 \,(\mathrm{mod}\ q_p)$」が成り立つようにとっておく．各 q_p が相異なることと $q_p \geqq Mp > K$ より，中国式剰余定理によってこのような b が存在することがわかる．そうして，集合 X を，
$$Q := \{m \in [N, (1+1/K)N] \cap \mathbb{Z} \mid m \in \mathcal{P}_{\equiv b(W)}\}$$
を用いて
$$X := \left\{ m \in Q \ \middle|\ \begin{array}{l} \text{任意の } i \in [0, K \log N] \cap \mathbb{Z}, \\ a \in [1,K] \cap \mathbb{Z},\ (j,k) \in S \text{ に対して,} \\ |km+ja^i| \text{ は合成数} \end{array} \right\}$$
と定義し，$\#X$ を下から評価するのが目標となる．各 i,a,j,k に対して
$$Q_{i,a,j,k} := \{m \in Q \mid |km+ja^i| \in \mathcal{P}\},$$
$$Q'_{i,a,j,k} := \{m \in Q \mid |km+ja^i| \in \{0,1\}\},$$
$$\widetilde{Q}_{i,a,j,k} := Q_{i,a,j,k} \cup Q'_{i,a,j,k}$$
と定めると，
$$Q = X \cup \bigcup_{i \in [0,K\log N] \cap \mathbb{Z}} \bigcup_{a=2}^{K} \bigcup_{(j,k) \in S} \widetilde{Q}_{i,a,j,k} \cup \bigcup_{(j,k) \in S} \widetilde{Q}_{0,1,j,k} \tag{6.5}$$
が成り立つ（$a=1$ のときは $a^i=1=a^0$ なので，$i=0$ としてよい）．したがって，
$$\#X \geqq \#Q - \sum_{i \in [0,K\log N] \cap \mathbb{Z}} \sum_{a=2}^{K} \sum_{(j,k) \in S} \#\widetilde{Q}_{i,a,j,k} - \sum_{(j,k) \in S} \#\widetilde{Q}_{0,1,j,k} \tag{6.6}$$
と評価できる．各 i,a,j,k に対して $\#Q'_{i,a,j,k} \leqq 3$ なので，(6.6) に現れるすべての $\#Q'_{i,a,j,k}$ の和は高々 $7K^4 \log N$ である．オイラーのトーシェント関数の明示式により $\varphi(W) = \dfrac{W}{2} \displaystyle\prod_{p \in P} \left(1 - \frac{1}{q_p}\right)$ が成り立つことに注意し，定理 6.4 の (6.2) を用いると，$N_0(K,P)$ が十分大きければ
$$\begin{aligned} &\#Q - \sum_{i \in [0,K\log N] \cap \mathbb{Z}} \sum_{a=2}^{K} \sum_{(j,k) \in S} \#Q'_{i,a,j,k} - \sum_{(j,k) \in S} \#Q'_{0,1,j,k} \\ &\geqq \frac{1}{K} \cdot \frac{N}{W \log N} \prod_{p \in P} \left(1 - \frac{1}{q_p}\right)^{-1} \end{aligned} \tag{6.7}$$

と評価できる(m の範囲を $[N, (1+1/K)N]$ で考えていることと，$7K^4 \log N$ の寄与を吸収させてしまっていることに注意).

定理 6.5 により，K のみに依存する正の実数 c_K'' が存在して，任意の $i \in [0, K \log N]$ $\cap \mathbb{Z}$，$a \in [1, K] \cap \mathbb{Z}$，$(j, k) \in S$ に対して

$$\# Q_{i,a,j,k} \leqq \frac{c_K'' N}{W \log^2 N} \prod_{p \in P} \left(1 - \frac{1}{q_p}\right)^{-2} \tag{6.8}$$

が成り立つ（$h = ja^i$ とすると，$\prod_{p \in \mathcal{P}, \, p \mid h, \, p \nmid W} (1 - p^{-1})^{-1}$ の部分は $\prod_{p \in \mathcal{P}, \, p \mid ja} (1 - p^{-1})^{-1}$ で上から押さえることができ，したがって，K のみに依存する定数で押さえることができる．i の影響をなくせるのがポイント）．これを用いると，この時点で $\# Q_{0,1,j,k}$ を処理することができ，(6.7) と合わせて

$$\begin{aligned} \# Q - \sum_{i \in [0, K \log N] \cap \mathbb{Z}} \sum_{a=2}^{K} \sum_{(j,k) \in S} \# Q_{i,a,j,k}' - \sum_{(j,k) \in S} \# \widetilde{Q}_{0,1,j,k} \\ \geqq \frac{1}{2K} \cdot \frac{N}{W \log N} \prod_{p \in P} \left(1 - \frac{1}{q_p}\right)^{-1} \end{aligned} \tag{6.9}$$

を得る（$N_0(K, P)$ が十分大きいとき）．

以下，しばらく $a \in [2, K] \cap \mathbb{Z}$，$(j, k) \in S$ を固定する．ある $p \in P_{a,j,k}$ について，$i \equiv 0 \pmod{p}$ が成り立つとする．このとき，$m \in Q_{i,a,j,k}$ に対して，$a^p \equiv 1 \pmod{q_p}$，$m \equiv b \pmod{q_p}$ および $kb + j \equiv 0 \pmod{q_p}$ より，$km + ja^i$ は q_p で割り切れる必要がある．よって，$|km + ja^i|$ が素数となるような m は高々 2 つしか存在しない．したがって，

$$\sum_{\substack{i \in [0, K \log N] \cap \mathbb{Z} \\ \exists p \in P_{a,j,k} \text{ s.t. } i \equiv 0 \pmod{p}}} \# Q_{i,a,j,k} \leqq 3K \log N \tag{6.10}$$

であり，以下では

$$I_{N,a,j,k} := \{i \in [0, K \log N] \cap \mathbb{Z} \mid \forall p \in P_{a,j,k}, \ i \not\equiv 0 \bmod p\}$$

に属する i に焦点を当てる．このような i は中国式剰余定理により，周期 $\prod_{p \in P_{a,j,k}} p$ ごとに $\prod_{p \in P_{a,j,k}} (p-1)$ 個現れるので，

$$\# I_{N,a,j,k} \leqq 2K \log N \prod_{p \in P_{a,j,k}} \left(1 - \frac{1}{p}\right)$$

が成り立つ．ゆえに，(6.8) より

$$\sum_{i \in I_{N,a,j,k}} \# Q_{i,a,j,k} \leqq \frac{2K c_K'' N}{W \log N} \prod_{p \in P} \left(1 - \frac{1}{q_p}\right)^{-2} \prod_{p \in P_{a,j,k}} \left(1 - \frac{1}{p}\right).$$

ここで，ある絶対定数 $c > 0$ が存在して，2 以上の整数からなる任意の有限集合 A に対して

$$c \exp\left(-\sum_{n \in A} \frac{1}{n}\right) \leqq \prod_{n \in A} \left(1 - \frac{1}{n}\right) \leqq \exp\left(-\sum_{n \in A} \frac{1}{n}\right)$$

が成り立つことに注意すると[3]，

$$\sum_{i \in I_{N,a,j,k}} \# Q_{i,a,j,k} \leqq \frac{c_K''' N}{W \log N} \prod_{p \in P} \left(1 - \frac{1}{q_p}\right)^{-1} \exp\left(\sum_{p \in P} \frac{1}{q_p} - \sum_{p \in P_{a,j,k}} \frac{1}{p}\right) \quad (6.11)$$

が得られる $(c_K''' := 2Kc^{-1}c_K'')$. $q_p \geqq Mp$ と (6.4) より

$$\sum_{p \in P} \frac{1}{q_p} \leqq \frac{1}{M} \sum_{p \in P} \frac{1}{p} \leqq K.$$

また,

$$\sum_{p \in P_{a,j,k}} \frac{1}{p} \geqq \frac{M}{3K^2}$$

が成り立つように $P_{a,j,k}$ をとっていた. よって,

$$\exp\left(\sum_{p \in P} \frac{1}{q_p} - \sum_{p \in P_{a,j,k}} \frac{1}{p}\right) \leqq \exp\left(K - \frac{M}{3K^2}\right)$$

が成り立ち, $M_0(K)$ が十分大きければ, これは K のみに依存するいかなる正の実数よりも小さくすることができる. この事実から, (6.10) と (6.11) を (6.9) に組み込んで (6.6) と合わせると,

$$\# X \geqq \frac{1}{3K} \cdot \frac{N}{W \log N} \prod_{p \in P} \left(1 - \frac{1}{q_p}\right)^{-1}$$

が示された. K に対して M と P を 1 つずつ選んで固定すれば, 定理を得る. $\square$

(6.5) を用いて不等式 (6.6) を導くことにより, $\# X$ を下から評価する問題を各 $\# Q_{i,a,j,k}$ を上から評価する問題に本質的に置き換えているのが 1 つの鍵となっています. もし $\# Q_{i,a,j,k}$ を下から評価する必要があれば双子素数予想のように現状解決不能な未解決問題に直面することになりますが, 上からの評価なので, セルバーグの篩の応用によってそれが可能となります. ですが, このアイデアだけでは非自明な評価が得られません. そこで, メルセンヌ型の数 a^p-1 の素因数たちを用いて, ある合同条件を満たすような適切な整数 b と W を選び, W を法として b と合同な数に制限して評価を実行することが重要なテクニックとなっています. 証明を読むと, b と W の選び方から見事に非自明な評価が生み出されていることがわかることでしょう.

40144044691 は弱い素数の 1 つなのですが, ただの弱い素数ではありません. 例えば, 最小の弱い素数 294001 について, 一万の桁を消去した 2|4001 は素数になります (| はここだけの記号で, 消去した箇所を明示しており, 整除関係の記号ではありません. つまり, 数としては 24001 のことです). しかし, 40144044691 はどの桁の数を 1 つ取り除いても素数ではありません.

---

3) このことは, $0 < x \leqq 1/2$ に対して $-x-x^2 < \log(1-x) < -x$ が成り立つことと, $\sum_{n=1}^{\infty} n^{-2} < \infty$ であることからわかります.

$|(0)144044691 = 3 \times 7 \times 6859271,$ $401440|4691 = 3 \times 11 \times 121648627,$

$4|144044691 = 31 \times 3307 \times 40423,$ $4014404|691 = 3 \times 11 \times 121648627,$

$40|44044691 = 3^3 \times 3881 \times 38593,$ $40144044|91 = 109 \times 36829399,$

$401|4044691 = 3 \times 1523 \times 878539,$ $401440446|1 = 97 \times 5653 \times 7321,$

$4014|044691 = 3 \times 1523 \times 878539,$ $401440469| = 3^5 \times 16520183.$

$40144|44691 = 1091 \times 3679601,$

また，294001 の場合は 1 つ数を挿入して 2694001 のように素数にすることができます（挿入した数を太字にして強調しています）．ですが，40144044691 については，どこかに 0〜9 を 1 つ挿入しても全部合成数になります（あたまに 0 をつけても素数のままなので，そのケースは除きます）．

$\mathbf{1}40144044691 = 7 \times 20020577813,$ $405144044691 = 3 \times 79 \times 1709468543,$

$\mathbf{2}40144044691 = 3 \times 67 \times 197 \times 6064703,$ $406144044691 = 7 \times 11 \times 47 \times 112225489,$

$\mathbf{3}40144044691 = 11 \times 30922185881,$ $407144044691 = 31 \times 13133678861,$

$\mathbf{4}40144044691 = 13 \times 76829 \times 440683,$ $408144044691 = 3^2 \times 991 \times 4651 \times 9839,$

$\mathbf{5}40144044691 = 3 \times 19267 \times 9344891,$ $409144044691 = 19 \times 1321 \times 16301209,$

$\mathbf{6}40144044691 = 131 \times 191 \times 25584271,$ $401\mathbf{0}44044691 = 523 \times 766814617,$

$\mathbf{7}40144044691 = 211 \times 3507791681,$ $401\mathbf{1}44044691 = 13 \times 30857234207,$

$\mathbf{8}40144044691 = 3^2 \times 7 \times 17^2 \times 5827 \times 7919,$ $401\mathbf{2}44044691 = 3 \times 7 \times 86539 \times 220789,$

$\mathbf{9}40144044691 = 2089 \times 10463 \times 43013,$ $401\mathbf{3}44044691 = 37 \times 10847136343,$

$4\mathbf{0}0144044691 = 19081 \times 20970811,$ $401\mathbf{4}44044691 = 47 \times 103 \times 82925851,$

$4\mathbf{1}0144044691 = 107 \times 239 \times 337 \times 47591,$ $401\mathbf{5}44044691 = 3 \times 17 \times 19 \times 414390139,$

$4\mathbf{2}0144044691 = 3 \times 7^2 \times 29 \times 43 \times 2291999,$ $401\mathbf{6}44044691 = 127 \times 3162551533,$

$4\mathbf{3}0144044691 = 118147 \times 3640753,$ $401\mathbf{7}44044691 = 11 \times 643 \times 2237 \times 25391,$

$4\mathbf{4}0144044691 = 13 \times 76829 \times 440683,$ $401\mathbf{8}44044691 = 3^2 \times 44649338299,$

$4\mathbf{5}0144044691 = 3 \times 11 \times 26723 \times 510449,$ $401\mathbf{9}44044691 = 7 \times 311 \times 9221 \times 20023,$

$4\mathbf{6}0144044691 = 375511 \times 1225381,$ $4014\mathbf{0}4044691 = 13 \times 30877234207,$

$4\mathbf{7}0144044691 = 149 \times 283 \times 2129 \times 5237,$ $4014\mathbf{1}4044691 = 11 \times 36492185881,$

$4\mathbf{8}0144044691 = 3^2 \times 53349338299,$ $4014\mathbf{2}4044691 = 3 \times 133808014897,$

$4\mathbf{9}0144044691 = 7 \times 37 \times 479 \times 1279 \times 3089,$ $4014\mathbf{3}4044691 = 23 \times 971 \times 1831 \times 9817,$

$40\mathbf{0}144044691 = 19081 \times 20970811,$ $4014\mathbf{4}4044691 = 47 \times 103 \times 82925851,$

$40\mathbf{1}144044691 = 13 \times 30857234207,$ $4014\mathbf{5}4044691 = 3 \times 7 \times 44519 \times 429409,$

$40\mathbf{2}144044691 = 3 \times 21529 \times 6226393,$ $4014\mathbf{6}4044691 = 179833 \times 2232427,$

$40\mathbf{3}144044691 = 157 \times 2567796463,$ $4014\mathbf{7}4044691 = 15173 \times 26459767,$

$40\mathbf{4}144044691 = 307 \times 4273 \times 308081,$ $4014\mathbf{8}4044691 = 3^3 \times 14869779433,$

$$401494044691 = 10399 \times 38608909,$$
$$401440044691 = 7 \times 31 \times 10567 \times 175069,$$
$$401441044691 = 71 \times 5654099221,$$
$$401442044691 = 3 \times 17^2 \times 3967 \times 116719,$$
$$401443044691 = 13 \times 1237 \times 24963811,$$
$$401444044691 = 47 \times 103 \times 82925851,$$
$$401445044691 = 3 \times 133815014897,$$
$$401446044691 = 59 \times 281 \times 2609 \times 9281,$$
$$401447044691 = 7 \times 11^2 \times 1013 \times 467881,$$
$$401448044691 = 3^2 \times 673 \times 66278363,$$
$$401449044691 = 19 \times 21128897089,$$
$$401440044691 = 7 \times 31 \times 10567 \times 175069,$$
$$401440144691 = 59 \times 149 \times 953 \times 47917,$$
$$401440244691 = 3 \times 37 \times 13513 \times 267637,$$
$$401440344691 = 17 \times 23614137923,$$
$$401440444691 = 11 \times 13 \times 113 \times 24843149,$$
$$401440544691 = 3 \times 229 \times 584338493,$$
$$401440644691 = 397 \times 4871 \times 207593,$$
$$401440744691 = 7^2 \times 10477 \times 781967,$$
$$401440844691 = 3^5 \times 127 \times 1201 \times 10831,$$
$$401440944691 = 23 \times 53 \times 329319889,$$
$$401440404691 = 173 \times 2320464767,$$
$$401440414691 = 53 \times 401 \times 499 \times 37853,$$
$$401440424691 = 3 \times 281 \times 476204537,$$
$$401440434691 = 71761 \times 5594131,$$
$$401440444691 = 11 \times 13 \times 113 \times 24843149,$$
$$401440454691 = 3 \times 1181 \times 113305237,$$
$$401440464691 = 7 \times 89 \times 863 \times 746659,$$
$$401440474691 = 137 \times 139 \times 251 \times 83987,$$
$$401440484691 = 3^2 \times 23 \times 29201 \times 66413,$$
$$401440494691 = 19^2 \times 29 \times 431 \times 88969,$$
$$401440440691 = 61 \times 1373 \times 4793147,$$
$$401440441691 = 6317 \times 63549223,$$
$$401440442691 = 3 \times 149 \times 4003 \times 224351,$$

$$401440443691 = 7 \times 59417 \times 965189,$$
$$401440444691 = 11 \times 13 \times 113 \times 24843149,$$
$$401440445691 = 3 \times 79 \times 30763 \times 55061,$$
$$401440446691 = 17 \times 23614143923,$$
$$401440447691 = 31 \times 67 \times 1783 \times 108401,$$
$$401440448691 = 3^2 \times 44604494299,$$
$$401440449691 = 3061 \times 131146831,$$
$$401440446091 = 2963 \times 135484457,$$
$$401440446191 = 397 \times 1011185003,$$
$$401440446291 = 3 \times 133813482097,$$
$$401440446391 = 97 \times 4138561303,$$
$$401440446491 = 7 \times 43 \times 53 \times 349 \times 72103,$$
$$401440446591 = 3 \times 3671 \times 36451507,$$
$$401440446691 = 17 \times 23614143923,$$
$$401440446791 = 61 \times 337 \times 4261 \times 4583,$$
$$401440446891 = 3^2 \times 11 \times 89 \times 139 \times 327779,$$
$$401440446991 = 101 \times 569 \times 1237 \times 5647,$$
$$401440446901 = 13 \times 103 \times 299806159,$$
$$401440446911 = 7 \times 577 \times 99391049,$$
$$401440446921 = 3 \times 43 \times 13291 \times 234139,$$
$$401440446931 = 373 \times 3643 \times 295429,$$
$$401440446941 = 4139 \times 96989719,$$
$$401440446951 = 3 \times 113 \times 1184190109,$$
$$401440446961 = 269 \times 16427 \times 90847,$$
$$401440446971 = 23 \times 619 \times 3541 \times 7963,$$
$$401440446981 = 3^4 \times 7 \times 708007843,$$
$$401440446991 = 101 \times 569 \times 1237 \times 5647,$$
$$401440446910 = 2 \times 5 \times 40144044691,$$
$$401440446911 = 7 \times 577 \times 99391049,$$
$$401440446912 = 2^6 \times 3 \times 17 \times 347 \times 354439,$$
$$401440446913 = 11 \times 61 \times 598271903,$$
$$401440446914 = 2 \times 13 \times 15440017189,$$
$$401440446915 = 3 \times 5 \times 53 \times 3433 \times 147089,$$
$$401440446916 = 2^2 \times 31 \times 263 \times 12309593,$$

$401440446917 = 18787 \times 21367991,$ $401440446919 = 179 \times 9613 \times 233297.$

$401440446918 = 2 \times 3^2 \times 7^2 \times 1063 \times 428173,$

　このような性質を持つ素数のことを**極端に弱い素数**といいます（OEIS：A199428）. 最小の極端に弱い素数である 40144044691 はアンデルセンが 2008 年に発見し, その後, 多数の極端に弱い素数が発見されています.

研究課題

　課題 6.1　ディクソンの予想の非常に特別な場合として, m と j が互いに素な正整数で, $m+j$ が奇数であるとき, $\{p \in \mathcal{P} \mid mp+j \in \mathcal{P}\}$ は無限集合であると予想されている（$m=1$, $j=2$ のときが双子素数予想）. このような m, j に対して, 逆数和(6.3)は無理数であるか.

　課題 6.2　極端に弱い素数は無限に存在するか.

●参考文献

［T］ T. Tao, *A remark on primality testing and decimal expansions*, J. Aust. Math. Soc. **91**（2011）, 405-413.

ひとりごと

「数字」は「数を表す文字」なので,「数」とは区別すべき概念です. 本書は筆者の好きな数字を紹介するものではなく, 好きな数を紹介するものです. また, 数学的性質を扱うときは,「かず」ではなく「すう」とよんでいます.

せぱすう にん

第7話

鈴木の定理

ここ
どこよ？

あれっ

あのー
これ6個入りタコ焼き
なのに
5つしか入ってないし
3つはタコもない…

その通り！

ひみつに
気がついたわね

クレーム
なんだけど
なあ

私は「105」

実はこのタコ焼きの状態は
円分多項式の係数と
対応しているのよ

第n円分多項式
$\Phi_n(x)$

$\mathbb{Q}$上既約な$\mathbb{Z}$係数モニック多項式で、
x^n-1を割り切れる一方で$k<n$なる任意の
正整数kに対してx^k-1を割り切れないもの

？

ようするに
x^n-1の形の式を
因数分解するって話

6個入りタコ焼きと$\Phi_6(x)$の係数を
このようにすると…

係数　1：タコあり
　　　0：タコなし
　　−1：タコ焼きなし

x^5	x^4	x^3	x^2	x^1	x^0
0	0	0	1	−1	1

ひどい

金返せ！

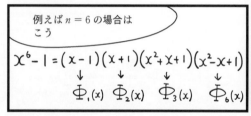

例えば$n=6$の場合は
こう

$$x^6-1=(x-1)(x+1)(x^2+x+1)(x^2-x+1)$$
$$\downarrow \qquad \downarrow \qquad \downarrow \qquad\qquad \downarrow$$
$$\Phi_1(x) \quad \Phi_2(x) \quad \Phi_3(x) \qquad \Phi_6(x)$$

11個入りタコ焼きなら
フルに入ってるわよ

おい！

金返せ！

$$\Phi_{11}(x) = x^{10} + x^9 + x^8 + x^7 + x^6$$
$$+ x^5 + x^4 + x^3 + x^2 + x + 1$$

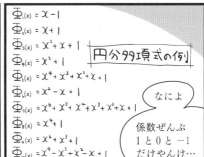

$\Phi_1(x) = x - 1$
$\Phi_2(x) = x + 1$
$\Phi_3(x) = x^2 + x + 1$
$\Phi_4(x) = x^2 + 1$
$\Phi_5(x) = x^4 + x^3 + x^2 + x + 1$
$\Phi_6(x) = x^2 - x + 1$
$\Phi_7(x) = x^6 + x^5 + x^4 + x^3 + x^2 + x + 1$
$\Phi_8(x) = x^4 + 1$
$\Phi_9(x) = x^6 + x^3 + 1$
$\Phi_{10}(x) = x^4 - x^3 + x^2 - x + 1$
...

円分多項式の例

なによ

係数ぜんぶ
1と0と−1
だけやんけ…

ところがそうはならず
第105円分多項式で初めて
0でも1でも−1でもない係数が
現れるのよ！

$$\Phi_{105}(x) = x^{48} + x^{47} + x^{46} - x^{43} - x^{42} - 2x^{41} - x^{40} - x^{39}$$
$$+ x^{36} + x^{35} + x^{34} + x^{33} + x^{32} + x^{31} - x^{28} - x^{26} - x^{24} - x^{22} - x^{20}$$
$$+ x^{17} + x^{16} + x^{15} + x^{14} + x^{13} + x^{12} - x^9 - x^8$$
$$- 2x^7 - x^6 - x^5 + x^2 + x + 1$$

係数に −2 が！

タコ焼き105個も
食わないでしょ

けっきょく係数は
どうなっていくの？

それについてカッコいい
定理があるのよ

［鈴木の定理 (1987)］

「任意の整数は，ある円分多項式の
係数に現れる」

ジジ
ジー

だからタコが1000個入った
タコ焼きも存在するわ！

何個焼くのかな

私からのおごりよ
105個

ホカ

うっ
これは…

係数 −2 の
タコ焼き！

ズ
ズ
ズ

はい

数学的解説

　n を正整数として，複素数 ζ_n を $\zeta_n := e^{\frac{2\pi i}{n}} \in \mathbb{C}$ と定めます（$i = \sqrt{-1}$ は虚数単位）．このとき，方程式 $x^n - 1 = 0$ の複素数解はすべて具体的に求まり，$1, \zeta_n, \zeta_n^2, \zeta_n^3, \cdots, \zeta_n^{n-1}$ の n 個であることがわかります．これらの解は**1 の n 乗根**とよばれ，複素平面において単位円周上に分布し，それらを結ぶと正 n 角形ができます．そして，多項式 $x^n - 1$ は複素数係数の範囲で

$$x^n - 1 = \prod_{k=0}^{n-1} (x - \zeta_n^k)$$

のように 1 次式の積に因数分解されることがわかります．

　それでは，有理数係数の範囲に限定した場合，$x^n - 1$ の既約多項式の積への因数分解の様子はどのようになるでしょうか．具体例を見てみましょう．

$$x^2 - 1 = (x-1)(x+1),$$
$$x^3 - 1 = (x-1)(x^2 + x + 1),$$
$$x^4 - 1 = (x-1)(x+1)(x^2 + 1),$$
$$x^5 - 1 = (x-1)(x^4 + x^3 + x^2 + x + 1),$$
$$x^6 - 1 = (x-1)(x+1)(x^2 + x + 1)(x^2 - x + 1),$$
$$x^7 - 1 = (x-1)(x^6 + x^5 + x^4 + x^3 + x^2 + x + 1),$$
$$x^8 - 1 = (x-1)(x+1)(x^2 + 1)(x^4 + 1),$$
$$x^9 - 1 = (x-1)(x^2 + x + 1)(x^6 + x^3 + 1),$$
$$x^{10} - 1 = (x-1)(x+1)(x^4 + x^3 + x^2 + x + 1)(x^4 - x^3 + x^2 - x + 1),$$
$$x^{11} - 1 = (x-1)(x^{10} + x^9 + x^8 + x^7 + x^6 + x^5 + x^4 + x^3 + x^2 + x + 1),$$
$$x^{12} - 1 = (x-1)(x+1)(x^2 + x + 1)(x^2 + 1)(x^2 - x + 1)(x^4 - x^2 + 1).$$

例えば既約因子の個数は n ごとにバラバラにも見えますが，$x^n - 1$ の有理数係数の範囲での分解にはいろいろな法則が隠れています．$x^n - 1$ の因数として現れる既約多項式は**円分多項式**とよばれる多項式です．

　以下のように，円分多項式は正整数 n ごとに 1 つずつ定まります（第 n 円分多項式）．それを $\Phi_n(x)$ という記号で表すことにします（次数が n 次というわけではありません）．1 の n 乗根は，n 乗すると 1 になるような複素数でしたが，n 乗して**初めて** 1 になる，つまり n より小さい正整数 m に対しては m 乗しても 1 にはならない 1 の n 乗根のことを，**1 の原始 n 乗根**とよびます．1 の原始 n 乗根全体の集合は

$$\{\zeta_n^k \mid 1 \leq k \leq n, \ (k, n) = 1\}$$

で与えられることを確認できます．この集合の元の個数は $\varphi(n)$ に等しいです（定義 6.3）．そして，$\Phi_n(x)$ の 1 つの特徴付けは「$\varphi(n)$ 個の相異なる 1 の原始 n 乗根を根に

持つような $\varphi(n)$ 次モニック多項式[1]」です. つまり,

$$\Phi_n(x) := \prod_{1 \le k \le n, (k,n)=1} (x - \zeta_n^k)$$

と定義されます. この定義からは明らかではありませんが, 次が成り立ちます.

命題 7.1(証明は p.83) 第 n 円分多項式 $\Phi_n(x)$ は $\mathbb{Q}$ 上既約な整数係数 $\varphi(n)$ 次モニック多項式である.

円分多項式の記号を用いると, 先ほどの因数分解は次のように書き直すことができます.

$$x^7 - 1 = \Phi_1(x)\Phi_7(x),$$

$$x^2 - 1 = \Phi_1(x)\Phi_2(x), \qquad x^8 - 1 = \Phi_1(x)\Phi_2(x)\Phi_4(x)\Phi_8(x),$$

$$x^3 - 1 = \Phi_1(x)\Phi_3(x), \qquad x^9 - 1 = \Phi_1(x)\Phi_3(x)\Phi_9(x),$$

$$x^4 - 1 = \Phi_1(x)\Phi_2(x)\Phi_4(x), \qquad x^{10} - 1 = \Phi_1(x)\Phi_2(x)\Phi_5(x)\Phi_{10}(x),$$

$$x^5 - 1 = \Phi_1(x)\Phi_5(x), \qquad x^{11} - 1 = \Phi_1(x)\Phi_{11}(x),$$

$$x^6 - 1 = \Phi_1(x)\Phi_2(x)\Phi_3(x)\Phi_6(x), \qquad x^{12} - 1 = \Phi_1(x)\Phi_2(x)\Phi_3(x)\Phi_4(x)\Phi_6(x)\Phi_{12}(x).$$

一般に, $x^n - 1$ の有理数係数の範囲での既約因数分解は

$$x^n - 1 = \prod_{d|n} \Phi_d(x) \tag{7.1}$$

で与えられます($d|n$ は n の正の約数をわたる). このことは, 1 の n 乗根全体の集合を μ_n, 1 の原始 d 乗根全体の集合を μ_d^* で表すとき,

$$\mu_n = \bigcup_{d|n} \mu_d^*$$

が成り立つことから従います ($d \ne d' \Longrightarrow \mu_d^* \cap \mu_{d'}^* = \varnothing$). また, $x^n - 1$ の既約因数の個数は n の正の約数の個数 $\tau(n)$ に等しいことがわかります.

$\Phi_1(x), \cdots, \Phi_{12}(x)$ については定義式の形ではなく, それを展開した形が既に登場していますが, $\Phi_{14}(x), \cdots, \Phi_{30}(x)$ についても眺めてみましょう. ただし, 素数 p に対しては一般に

$$\Phi_p(x) = x^{p-1} + x^{p-2} + \cdots + x + 1$$

なので, n が素数でない場合のみを書きます.

$$\Phi_{14}(x) = x^6 - x^5 + x^4 - x^3 + x^2 - x + 1,$$

$$\Phi_{15}(x) = x^8 - x^7 + x^5 - x^4 + x^3 - x + 1,$$

$$\Phi_{16}(x) = x^8 + 1,$$

$$\Phi_{18}(x) = x^6 - x^3 + 1,$$

---

[1] 最高次の係数が 1 であるような多項式のことを**モニック多項式**といいます.

$$\Phi_{20}(x) = x^8 - x^6 + x^4 - x^2 + 1,$$

$$\Phi_{21}(x) = x^{12} - x^{11} + x^9 - x^8 + x^6 - x^4 + x^3 - x + 1,$$

$$\Phi_{22}(x) = x^{10} - x^9 + x^8 - x^7 + x^6 - x^5 + x^4 - x^3 + x^2 - x + 1,$$

$$\Phi_{24}(x) = x^8 - x^4 + 1,$$

$$\Phi_{25}(x) = x^{20} + x^{15} + x^{10} + x^5 + 1,$$

$$\Phi_{26}(x) = x^{12} - x^{11} + x^{10} - x^9 + x^8 - x^7 + x^6 - x^5 + x^4 - x^3 + x^2 - x + 1,$$

$$\Phi_{27}(x) = x^{18} + x^9 + 1,$$

$$\Phi_{28}(x) = x^{12} - x^{10} + x^8 - x^6 + x^4 - x^2 + 1,$$

$$\Phi_{30}(x) = x^8 + x^7 - x^5 - x^4 - x^3 + x + 1.$$

これらの例を眺めていると次のような疑問が生まれるかもしれません：円分多項式の係数は 0 か 1 か -1 しかあり得ないのではないだろうか？

しかし，この疑問に対する答えは否定的です．というのも，第 105 円分多項式が反例になっているからです（$31 \leqq n \leqq 104$ に対する $\Phi_n(x)$ は反例になっていません）．

$$\Phi_{105}(x) = x^{48} + x^{47} + x^{46} - x^{43} - x^{42} - 2x^{41} - x^{40} - x^{39}$$
$$+ x^{36} + x^{35} + x^{34} + x^{33} + x^{32} + x^{31} - x^{28} - x^{26}$$
$$- x^{24} - x^{22} - x^{20} + x^{17} + x^{16} + x^{15} + x^{14} + x^{13}$$
$$+ x^{12} - x^9 - x^8 - 2x^7 - x^6 - x^5 + x^2 + x + 1.$$

このように -2 も円分多項式の係数に現れることがわかりました．それどころか，驚くべきことに次の定理が成り立ちます（円分多項式の係数の絶対値がいくらでも大きくなり得ることはシューアが 1931 年に証明しています（未出版））．

定理 7.2（鈴木[Su]，証明は p.85）　任意の整数は，ある円分多項式の係数に現れる．

これは最初の方の実例を眺めているだけではわからない法則であり，美しい定理だと感じます．

補足説明

$\mu(n)$ をメビウス関数とします（定義 2.18）．(7.1) にメビウスの反転公式（命題 2.19）を用いると，次の補題が得られます．

補題 7.3　任意の正整数 n に対して

$$\Phi_n(x) = \prod_{d \mid n} (x^{\frac{n}{d}} - 1)^{\mu(d)}$$

が成り立つ．

例えば，$n=6$ の場合は

$$\Phi_6(x) = \frac{(x-1)(x^6-1)}{(x^2-1)(x^3-1)}$$

$$= \frac{(x-1)\cdot(x-1)(x+1)(x^2+x+1)(x^2-x+1)}{(x-1)(x+1)\cdot(x-1)(x^2+x+1)}$$

$$= x^2-x+1$$

です．

補題 7.4 n を 3 以上の奇数とする．このとき，$\Phi_{2n}(x) = \Phi_n(-x)$ が成り立つ．

証明 補題 7.3 より，以下のように計算できる．

$$\Phi_{2n}(x) = \prod_{d|2n} (x^d-1)^{\mu(2n/d)}$$

$$= \prod_{d|2n,\,d\text{は偶数}} (x^d-1)^{\mu(2n/d)} \prod_{d|n} (x^d-1)^{\mu(2n/d)}$$

$$= \prod_{d|n} \left((x^d-1)^{\mu(2n/d)} (x^{2d}-1)^{\mu(n/d)} \right)$$

$$= \prod_{d|n} (x^d+1)^{\mu(n/d)}$$

$$= \prod_{d|n} \left((-x)^d-1 \right)^{\mu(n/d)} = \Phi_n(-x).$$

ただし，4 つ目の等号では，奇数 m に対して $\mu(2m) = -\mu(m)$ が成り立つことを用いた．また，5 つ目の等号ではメビウス関数が寄与する個数を考えよ（$n=1$ だとまずい）[2]．　　　　　　□

命題 7.1 の証明 $\varphi(n)$ 次モニック多項式であることは定義から明らか．整数係数であることは n に関する数学的帰納法で証明することができる．実際，$n=1$ のときは $\Phi_1(x) = x-1$ なので整数係数である．$n \geqq 2$ とし，n 未満の場合は正しいと仮定する．多項式 $F(x)$ を

$$F(x) := \prod_{d|n,\,d<n} \Phi_d(x)$$

と定めると，帰納法の仮定からこれは整数係数であり，明らかにモニックでもある．$\mathbb{Z}[x]$ におけるモニック多項式の割り算の原理により，ある整数係数モニック多項式 $q(x)$ および，0 または次数が $\deg F(x)$ 未満の整数係数多項式 $r(x)$ が存在して，

$$x^n-1 = F(x)q(x)+r(x)$$

が成り立つ．一方，(7.1) より $x^n-1 = F(x)\Phi_n(x)$ である．$\mathbb{C}[x]$ における割り算の原理の一意性から $\Phi_n(x) = q(x) \in \mathbb{Z}[x]$ が従う．

後は既約性を示せばよいが，ここでは n が素数冪のときと，それ以外で場合分けし

2）命題 2.19 を使ってもよい．

て考える（後者には代数的整数論を用いる）．p を素数，k を正整数とする．このとき，
(7.1) より

$$\Phi_{p^k}(x) = \frac{x^{p^k}-1}{x^{p^{k-1}}-1} = (x^{p^{k-1}})^{p-1} + (x^{p^{k-1}})^{p-2} + \cdots + x^{p^{k-1}} + 1$$

なので，$q = p^{k-1}$ と略記すれば

$$\Phi_{p^k}(x+1) \equiv (x^q+1)^{p-1} + \cdots + (x^q+1) + 1$$
$$= \frac{(x^q+1)^p - 1}{(x^q+1) - 1} \equiv \frac{x^{pq}}{x^q} = x^{q(p-1)} \pmod{p}$$

が成り立つ．また，$\Phi_{p^k}(x+1)$ の定数項は p なので，アイゼンシュタインの既約判定
法[3]により $\Phi_{p^k}(x+1)$ は $\mathbb{Q}$ 上既約多項式である．平行移動で既約性は崩れないので，
$\Phi_{p^k}(x)$ も $\mathbb{Q}$ 上既約多項式である．

　一般の場合は概略のみを記す．まず，正整数 n に対して，円分体 $\mathbb{Q}(\zeta_n)$ の判別式の
素因数は n を割り切ることを示す．すると，互いに素な正整数 m, n に対して，$\mathbb{Q}(\zeta_m)$
$\cap \mathbb{Q}(\zeta_n)$ の判別式の絶対値は 1 であることが従う．ミンコフスキーの定理によって判
別式の絶対値が 1 であるような数体は有理数体に限られるため，$\mathbb{Q}(\zeta_m) \cap \mathbb{Q}(\zeta_n) = \mathbb{Q}$
が確定する．よって，特に拡大次数について

$$[\mathbb{Q}(\zeta_{mn}) : \mathbb{Q}] = [\mathbb{Q}(\zeta_m) : \mathbb{Q}] \cdot [\mathbb{Q}(\zeta_n) : \mathbb{Q}]$$

が成り立つ．すると，素数冪のときの結果とオイラーのトーシェント関数の乗法性か
ら，任意の正整数 n に対して $[\mathbb{Q}(\zeta_n) : \mathbb{Q}] = \varphi(n)$ が成り立つことがわかり，これは
$\Phi_n(x)$ の既約性を示している． □

　以下，鈴木の定理の証明を解説します．円分多項式の係数および係数の集合を表す
記号を以下のように定めておきましょう．

定義 7.5　第 n 円分多項式を

$$\Phi_n(x) = \sum_{i=0}^{\varphi(n)} a_i^{(n)} x^i$$

と表示し，係数（Coefficient）の集合 $\mathrm{Coeff}(\Phi_n(x))$ を

$$\mathrm{Coeff}(\Phi_n(x)) := \{a_i^{(n)} \mid 0 \le i \le \varphi(n)\} \subset \mathbb{Z}$$

と定義する．

　この記号を用いると，鈴木の定理は

3）n を正整数とし，p を素数とするとき，整数係数多項式 $f(x) = a_n x^n + a_{n-1} x^{n-1} + \cdots + a_1 x + a_0$ $(a_n \neq 0)$
について，a_n が p で割り切れず，$a_{n-1}, \cdots, a_1, a_0$ が p で割り切れ，a_0 が p^2 で割り切れないならば，$f(x)$
は有理数体 $\mathbb{Q}$ 上既約である．

$$\overset{\infty}{\underset{n=1}{\cup}} \mathrm{Coeff}(\varPhi_n(x)) = \mathbb{Z}$$

と表現できます.

素数に関する次の補題が証明の鍵となります.

補題 7.6 k を 3 以上の整数とする.このとき,k 個の素数 $p_1 < p_2 < \cdots < p_k$ であって,$p_1 + p_2 > p_k$ を満たすものが存在する.

証明 背理法で証明する.ある整数 $k \geqq 3$ で主張が成り立たないと仮定しよう.このとき,任意の正整数 l に対して

$$\pi(2^l) - \pi(2^{l-1}) < k \tag{7.2}$$

が成り立つ($\pi(x)$ で x 以下の素数の個数を表す).というのも,もし k 個の素数 $p_1 < p_2 < \cdots < p_k$ が区間 $[2^{l-1}, 2^l]$ に属しているならば $p_k \leqq 2p_1$ が成り立つはずであるが,背理法の仮定によって $2p_1 < p_1 + p_2 \leqq p_k$ となって矛盾するからである.t を正整数として,不等式 (7.2) を $1 \leqq l \leqq t$ で考えて望遠鏡和をとることにより,$\pi(2^t) < kt$ を得る.一方,チェビシェフの定理によって,ある定数 $C > 0$ が存在し,十分大きい $x > 0$ に対して

$$\pi(x) \geqq \frac{Cx}{\log x}$$

が成り立つ(これは第 2 話で紹介した素数定理の系であるし,直接的な初等的証明も知られている).したがって,十分大きい t に対して矛盾する不等式

$$\frac{C \cdot 2^t}{t \cdot \log 2} < kt$$

に到達してしまう. $\square$

定理 7.2 の証明 3 以上の**奇数** k を固定する.また,補題 7.6 によって存在する,$p_1 < \cdots < p_k$ であって $p_1 + p_2 > p_k$ を満たすような k 個の奇素数をとる.$n := p_1 \cdots p_k$ とし,この n に関する円分多項式 $\varPhi_n(x)$ を考える.$1 \leqq i < j \leqq k$ に対して $p_i p_j \geqq p_k + 1$ が成り立つので,補題 7.3 より

$$\varPhi_n(x) \equiv \frac{\prod_{i=1}^{k}(x^{p_i}-1)}{x-1} = \frac{x^{p_k}-1}{x-1} \cdot (1-x^{p_1}) \cdots (1-x^{p_{k-1}}) \pmod{x^{p_k+1}}$$

が成り立つ(符号の調整に k が奇数であることが用いられていることに注意).$1 \leqq i < j \leqq k$ に対して $p_i + p_j \geqq p_k + 1$ が成り立つので,

$$(1-x^{p_1}) \cdots (1-x^{p_{k-1}}) \equiv 1 - x^{p_1} - \cdots - x^{p_{k-1}} \pmod{x^{p_k+1}}$$

である.したがって,

$$\Phi_n(x) \equiv (1+x+\cdots+x^{p_{k-1}})(1-x^{p_1}-\cdots-x^{p_{k-1}}) \pmod{x^{p_k+1}}.$$

この合同式より，

$$a_{p_k}^{(n)} = -k+1, \qquad a_{p_{k-2}}^{(n)} = -k+2$$

がわかる．実際，右の括弧内の各 $-x^{p_i}$ に対し，掛けると $-x^{p_k}$（または $-x^{p_{k-2}}$）となるような項が左の括弧内にちょうど1つずつある．また，右の括弧内の1については左の括弧内のどの項と掛けても x^{p_k} を実現することはできないが，$x^{p_{k-2}}$ は生み出せる．k は 3 以上の任意の奇数であったため，

$$\bigcup_{n=1}^{\infty} \mathrm{Coeff}(\Phi_n(x)) \supset \mathbb{Z}_{\le -1}$$

が示されたことになる．

補題 7.4 より，$n = p_1\cdots p_k$ について $\Phi_{2n}(x) = \Phi_n(-x)$ が成り立つので，

$$a_{p_k}^{(2n)} = a_{p_k}^{(n)} \times (-1)^{p_k} = k-1, \qquad a_{p_{k-2}}^{(2n)} = a_{p_{k-2}}^{(n)} \times (-1)^{p_{k-2}} = k-2$$

であり，

$$\bigcup_{n=1}^{\infty} \mathrm{Coeff}(\Phi_n(x)) \supset \mathbb{Z}_{\le -1} \cup \mathbb{Z}_{\ge 1}$$

が得られた．0 が係数に現れる円分多項式はたくさん存在するので，以上で証明が完了する． $\square$

鈴木の定理は主張だけでなく証明も見事です．この証明では，整数 k を係数に持つ円分多項式 $\Phi_n(x)$ の n として「$|k|$+数個」の素因数を持つものを考えていますが，素因数の個数が少ない n でどのような係数を持ち得るかを考えてみましょう．補題 7.4 と次の補題から，円分多項式の係数を調べるにあたっては n が相異なる奇素数の積である場合が本質的であることがわかります．

定義 7.7 正整数 n に対して，その**根基** $\mathrm{rad}(n)$ を

$$\mathrm{rad}(n) := \prod_{p\in\mathcal{P}, p|n} p$$

と定める．空積は 1 と考えて，$\mathrm{rad}(1) = 1$.

例えば，$120 = 2^3 \times 3 \times 5$ に対して，$\mathrm{rad}(120) = 2 \times 3 \times 5 = 30$ です．

補題 7.8 n を正整数とし，$m := \mathrm{rad}(n)$ とする．このとき，$\Phi_n(x) = \Phi_m(x^{\frac{n}{m}})$ が成り立つ．特に，$\mathrm{Coeff}(\Phi_n(x)) \cup \{0\} = \mathrm{Coeff}(\Phi_m(x)) \cup \{0\}$ が成り立つ．

証明 根基部分の約数しかメビウス関数には寄与しないことに注意して，補題 7.3 より

$$\Phi_n(x) = \prod_{d \mid n}(x^{\frac{n}{d}}-1)^{\mu(d)} = \prod_{d \mid m}(x^{\frac{n}{d}}-1)^{\mu(d)} = \prod_{d \mid m}\left((x^{\frac{n}{m}})^{\frac{m}{d}}-1\right)^{\mu(d)}$$
$$= \Phi_m(x^{\frac{n}{m}})$$

と計算できる. $\qquad\square$

円分多項式 $\Phi_n(x)$ の n について, 奇数の素因数の個数が 2 個以下の場合は係数として $0, \pm 1$ しか持ち得ません.

定理 7.9（ミゴッティ） p, q を相異なる奇素数とするとき,
$$\mathrm{Coeff}(\Phi_{pq}(x)) \subset \{0, \pm 1\}$$
が成り立つ.

3 つの相異なる奇数の素因数を持つ最小の正整数が $105 = 3 \times 5 \times 7$ なので, $n \leq 104$ のときに $\mathrm{Coeff}(\Phi_n(x)) \subset \{0, \pm 1\}$ が成り立っていた理由がこの定理からわかります. ここでは論文 [LL] の手法でこの定理を証明します.

補題 7.10 a, b を互いに素な 2 以上の整数とする. このとき, 方程式
$$ax + by = (a-1)(b-1)$$
の非負整数解 x, y がただ 1 つ存在する. また, その解は $x \leq b-2$, $y \leq a-2$ を満たす.

証明 非負整数解 x, y が存在する場合, $ax \leq ax + by = (a-1)(b-1)$ より, $b-1 > 0$ に注意して
$$x \leq \left(1-\frac{1}{a}\right)(b-1) < b-1$$
と評価でき, $x \leq b-2$ を得る. $y \leq a-2$ についても同様. a, b は互いに素なので, 非負とは限らなければ整数解 (x_0, y_0) が存在し, 一般整数解は t を整数として, $x = x_0 + bt$, $y = y_0 - at$ で与えられる. $0 \leq x_0 + bt < b$ を満たす t がただ 1 つ存在するが, そのような t に対して $y = y_0 - at \geq 0$ を示せばよい. $x_0 + bt \leq b-1$ および $ax_0 + by_0 = (a-1)(b-1)$ より
$$y_0 - at = \frac{1}{b} \cdot \{(a-1)(b-1) - ax_0 - abt\} \geq \frac{1}{b} - 1 > -1$$
なので, $y_0 - at \geq 0$ であることが示された. $\qquad\square$

定理 7.11 p, q を相異なる奇素数とし, 非負整数 r, s を $(p-1)(q-1) = rp + sq$ を満たす唯一のものとする（補題 7.10）. このとき,
$$\Phi_{pq}(x) = \left(\sum_{i=0}^{r} x^{pi}\right)\left(\sum_{j=0}^{s} x^{qj}\right) - \left(\sum_{i=r+1}^{q-1} x^{pi}\right)\left(\sum_{j=s+1}^{p-1} x^{qj}\right)x^{-pq}$$

が成り立つ.

帰着の流れで p, q は奇素数としていますが，この定理自体は p または q が 2 の場合も成立します.

証明 ζ_{pq}^q は 1 の原始 p 乗根であり，ζ_{pq}^p は 1 の原始 q 乗根なので，$\Phi_p(\zeta_{pq}^q) = \Phi_q(\zeta_{pq}^p) = 0$，すなわち

$$\sum_{i=0}^{q-1} (\zeta_{pq}^p)^i = \sum_{j=0}^{p-1} (\zeta_{pq}^q)^j = 0$$

が成り立つ. よって，

$$\sum_{i=0}^{r} (\zeta_{pq}^p)^i = -\sum_{i=r+1}^{q-1} (\zeta_{pq}^p)^i$$

および

$$\sum_{j=0}^{s} (\zeta_{pq}^q)^j = -\sum_{j=s+1}^{p-1} (\zeta_{pq}^q)^j$$

が成り立ち，辺々を掛け合わせることにより

$$\left(\sum_{i=0}^{r} (\zeta_{pq}^p)^i\right)\left(\sum_{j=0}^{s} (\zeta_{pq}^q)^j\right) - \left(\sum_{i=r+1}^{q-1} (\zeta_{pq}^p)^i\right)\left(\sum_{j=s+1}^{p-1} (\zeta_{pq}^q)^j\right) = 0 \tag{7.3}$$

が得られる. ここで，

$$f_1(x) := \left(\sum_{i=0}^{r} x^{pi}\right)\left(\sum_{j=0}^{s} x^{qj}\right) \in \mathbb{Z}[x],$$

$$f_2(x) := \left(\sum_{i=r+1}^{q-1} x^{pi}\right)\left(\sum_{j=s+1}^{p-1} x^{qj}\right) \in \mathbb{Z}[x],$$

$$f(x) := f_1(x) - f_2(x)x^{-pq}$$

とおく. $f_2(x)$ に現れる項の次数の最小値は $(r+1)p+(s+1)q = pq+1$ なので，$f(x)$ は多項式である. また，

$$\deg f_2(x) - pq = (q-1)p + (p-1)q - pq = (p-1)(q-1) - 1$$

であるのに対し，$\deg f_1(x) = rp+sq = (p-1)(q-1)$ なので，

$$\deg f(x) = (p-1)(q-1) = \varphi(pq) = \deg \Phi_{pq}(x)$$

が成り立つ. (7.3) より，ζ_{pq} は $f(x)$ の根であり，同様に考えれば，$f(x)$ は任意の 1 の原始 pq 乗根を根に持つことがわかる. 以上により，$f(x)$ は任意の 1 の原始 pq 乗根を根に持つような $\varphi(pq)$ 次の整数係数モニック多項式があることが示されたので，$f(x) = \Phi_{pq}(x)$ である. $\square$

定理 7.9 の証明 定理 7.11 より，$\Phi_{pq}(x)$ の係数について，以下が成立する. ただし，k は $0 \leqq k \leqq (p-1)(q-1)$ を満たす整数とする.

- ある整数 $i \in [0, r]$ と整数 $j \in [0, s]$ が存在して $k = pi + qj$ が成り立つとき，$a_k^{(pq)}$

$= 1$.

- ある整数 $i \in [r+1, q-1]$ と整数 $j \in [s+1, p-1]$ が存在して $k = pi+qj-pq$ が成り立つとき，$a_k^{(pq)} = -1$.
- それ以外のとき，$a_k^{(pq)} = 0$.

このことは「整数 $i, i' \in [0, q-1]$，$j, j' \in [0, p-1]$ について，$pi+qj = pi'+qj'$ が成り立つならば，$i = i'$ かつ $j = j'$ であり，$pi+qj = pi'+qj'-pq$ は起き得ない」を確認すればわかる．特に，定理7.9も証明されている． $\square$

一方，相異なる奇素数 p, q, r の積に対する円分多項式 $\Phi_{pqr}(x)$ の係数については，いくつかの論文はあるものの，定理7.9の証明のレベルで完全決定と言えるまではわかっていません．それでも，例えば次が成立します．

定理* 7.12　任意の整数は，ある $\Phi_{pqr}(x)$（p, q, r は相異なる奇素数）の係数に現れる．

つまり，鈴木の定理は n が3つの奇素数の積の時点で成立するという形に拡張されるのです．バックマン[B]はもう少し精密な定理を与えています．また，バックマンの論文に書かれているバイターの予想（「$p < q < r$ のとき，$\Phi_{pqr}(x)$ の係数の最大値は $(p+1)/2$ 以下であろう」という予想）は正しくないことがギャロ-モレー[GM]によって証明されています．

最後に，円分多項式の応用として，算術級数定理（定理4.8）の部分的な初等的証明を紹介します．

補題 7.13　a を正整数とする．このとき，任意の整数 m に対して，$\Phi_a(m)$ の素因数 p は

$$p \nmid a \implies p \equiv 1 \pmod{a}$$

を満たす．

証明　$x^a - 1 = \Phi_a(x)F(x)$ と因数分解する（$F(x) \in \mathbb{Z}[x]$）．x に m を代入すると，$m^a - 1 = \Phi_a(m)F(m)$．$\Phi_a(m) \neq \pm 1$ と仮定してよい．p を $\Phi_a(m)$ の素因数とする．このとき，$m^a \equiv 1 \pmod{p}$ なので，$m \bmod p$ の $(\mathbb{Z}/p\mathbb{Z})^\times$ における位数を s とすると，ある正整数 t が存在して $a = st$ が成り立つ．$t \geq 2$ と仮定する．(7.1) より $x^s - 1$ は $F(x)$ を割り切ることがわかるが，実際に割ったときの商を $G(x) \in \mathbb{Z}[x]$ としよう．すると，

$$\Phi_a(x)G(x) = \frac{x^a - 1}{x^s - 1} = x^{s(t-1)} + x^{s(t-2)} + \cdots + x^s + 1$$

が成り立つ．この式に $x = m$ を代入して $m^s \equiv 1 \pmod{p}$ を適用すると，

$$t \equiv \Phi_a(m)G(m) \equiv 0 \pmod{p}$$

を得る．よって，この場合は p は a の約数であることがわかった．つまり，以下 $p \nmid a$ を仮定すると，$t = 1$ としてよい．このときは，s の定義と $\#((\mathbb{Z}/p\mathbb{Z})^{\times}) = p-1$ より，$a = s$ は $p-1$ の約数である．これは $p \equiv 1 \pmod{a}$ を示している． $\square$

定理 7.14 a を正整数とする．このとき，正整数 n を用いて $an+1$ と表すことができる素数が無限に存在する．

証明 $\Phi_a(m) \neq \pm 1$ かつ $a \mid m$ を満たす整数 m をとる（$\Phi_a(l) = \pm 1$ を満たす整数 l は有限個なので，このような m は存在する）．$\Phi_a(m)$ の素因数を 1 つとって p とする．このとき，$m^a \equiv 1 \pmod{p}$ が成り立つので，m と p は互いに素である．$a \mid m$ であったから，特に a と p も互いに素である．よって，補題 7.13 より $p \equiv 1 \pmod{a}$ であり，ある正整数 n が存在して $p = an+1$ と表される．

これで $an+1$ 型の素数が 1 個存在することがわかったが，1 個存在すれば無限に存在することになる．というのも，素数 $p = an+1$ を 1 個所有しているとき，上述の論法において a は任意の正整数でよかったので，a の代わりに ap を考えることにより，ある素数

$$q = (ap)n'+1 = a(pn')+1$$

が存在することがわかる（n' は正整数）．このとき，$q > p$ であるから，「$an+1$ 型の素数」を p と q の 2 個手に入れたことになる．これは繰り返せるので，結局無限個存在せねばならない． $\square$

「1 個存在することと無限個存在することが同値」というのは「そんな馬鹿な」と思われるかもしれませんが，特定のパラメーターに任意性がある場合は，上記証明のようなトリックで実際に同値であることを証明できることがよくあります．この a の取り替えトリックを使わなくても，ユークリッド風に証明することもできます：$p_1, \cdots, p_k$ が与えられた k 個の $an+1$ 型素数（$p_1, \cdots, p_k \equiv 1 \pmod{a}$）であるとき，$ap_1 \cdots p_k$ の倍数 m であって，$\Phi_a(m) \neq \pm 1$ であるようなものを選ぶ．このとき，$\Phi_a(m)$ の素因数は $p_1, \cdots, p_k$ のいずれとも異なる $an+1$ 型素数である．

定理 7.14 の証明がうまくいった理由の 1 つは，$an+1$ 型素数の良い**住み処**が見つかったことにあります．補題 7.13 によって，円分多項式 $\Phi_a(x)$ の適切な値の素因数として $an+1$ 型素数が現れます．つまり，$\Phi_a(x)$（の値）は $an+1$ 型素数の住み処なのです．ということは，一般の算術級数定理についても $an+b$ 型素数（a と b は互いに素）の住み処が見つかれば，同様の証明の可能性を期待できるかもしれません．ですが，残念ながら一般の場合には適切な住み処は見つかっていません（算術級数定理の証明

にはディリクレ L 関数の値の非零性を使ったより高度な議論が必要とされます）．それどころか，一般の場合には多項式は（ある意味での）住み処にはなり得ないという不可能性定理が証明されています．

素数 p が多項式 $f(x) \in \mathbb{Z}[x]$ の素因子であるとは，ある正整数 n が存在して，$p \mid f(n)$ が成り立つこととします．

定義 7.15 a, b を互いに素な正整数とする．整数係数多項式 $f(x)$ が $b \bmod a$ に関する**ユークリッド多項式**であるとは，以下の 2 条件を満たすことをいう．

（1） $f(x)$ の素因子 p で $p \equiv b \pmod{a}$ を満たすものが無限に存在する．

（2） 有限個の例外を除く $f(x)$ の素因子 p は $p \equiv 1 \pmod{a}$ または $p \equiv b \pmod{a}$ を満たす．

$f(x)$ が $an + b$ 型素数の住み処になっており，その結果 $f(x)$ の素因子として $an + b$ 型素数が無限に得られるのであれば，(1)を要求するのは自然です．また，そのことがユークリッド風に証明される場合，$f(x)$ の素因子 p は有限個の例外を除いて $p \equiv b \pmod{a}$ を満たすことが望ましいでしょう．邪魔者がいないということは住み処の性質としては優秀です．ですが，定数でない整数係数多項式は $p \equiv 1 \pmod{a}$ を満たす素因子を必ず無限に持たなければならないことがナゲル[N]によって証明されているので[4]，このことと整合的であるには(2)を要求するのが最善ということになります．(2)のように，$p \equiv b \pmod{a}$ を満たす素因子だけに限定できなくてもユークリッド風の証明が機能する例として，多項式 $4x - 1$ を用いる $4n + 3$ 型素数の無限性の証明をあげることができます．

ユークリッド多項式は円分多項式以外にもいくつもあり，シューアは 1912 年に $b^2 \equiv 1 \pmod{a}$ が成り立つ場合は $b \bmod a$ に関するユークリッド多項式が存在することを示しました（[Sc]）．これに対し，1988 年，ラム・マーティは逆が成り立つことを証明しました．

定理* 7.16（ラム・マーティの不可能性定理[M, MT]） $b \bmod a$ に関するユークリッド多項式が存在するならば，$b^2 \equiv 1 \pmod{a}$ でなければならない．

この定理は一般の算術級数定理をユークリッド風に初等的に証明することが，ある意味では不可能であることを示しています．証明にはチェボタリョフの密度定理を用います．

本書では他にも特定の型の素数の無限性の証明を紹介しますが，住み処を用いた証

4）どんな a に対しても！ これすごくないですか！?

明がしばしば有効です．第8話で紹介する非ヴィーフェリッヒ素数の無限性の ABC 予想からの証明は，メルセンヌ数をそのパワフル部分で割った無平方数の部分が非ヴィーフェリッヒ素数の住み処であることを利用しますし，第9話で紹介する非正則素数の無限性の証明は，関-ベルヌーイ数の分子が非正則素数の住み処になっていることを利用します．住み処の候補が見つかっても，実際に無限性の証明を行うには，与えられた有限個の考察している型の素数を避ける仕組みがないといけません．多項式が住み処である場合は有限個の素数の積を代入するというのがユークリッドのアイデアでした．非ヴィーフェリッヒ素数の無限性の場合は ABC 予想，非正則素数の無限性の場合はクラウゼン-フォン・シュタウトの定理を使うことによって，与えられた素数と異なるものを見出します．

研究課題

課題 7.1 n が相異なる4つないし5つの奇素数の積である場合に，円分多項式 $\Phi_n(x)$ の係数について研究せよ．

円分多項式のような $\mathbb{Q}$ 上既約多項式の族を探してみることも面白い問題かもしれません．

課題 7.2（孫智偉の予想）　n を正整数とする．カタラン数（OEIS：A000108）を係数に持つ多項式

$$\sum_{k=0}^{n} \frac{1}{k+1}\binom{2k}{k}x^k$$

は $\mathbb{Q}$ 上既約であることを示せ．

高木貞治先生の名著『初等整数論講義』の §59 には，算術級数定理について「その証明が初等的でないのが遺憾であるが，数学の現状ではやむを得ないのである」と書かれています．セルバーグやシャピロによる算術級数定理の別証明はありますが，それらはある意味では高級なもので，高木先生の期待する証明とは言えないように感じます．もっとユークリッド風に近い，住み処を用いた算術級数定理の証明はないのでしょうか．

課題 7.3　ラム・マーティの不可能性定理を考慮に入れた上で，それに反しない方法でディリクレの算術級数定理の初等的証明を見出すことは可能だろうか．

●参考文献

[B] G. Bachman, *Ternary cyclotomic polynomials with an optimally large set of coefficients*, Proc. Amer. Math. Soc. **132** (2004), 1943-1950.

[GM] Y. Gallot, P. Moree, *Ternary cyclotomic polynomials having a large coefficient*, J. Reine Angew. Math. **632** (2009), 235-248.

[LL] T. Y. Lam, K. H. Leung, *On the cyclotomic polynomial $\Phi_{pq}(X)$*, Amer. Math. Monthly **103** (1996), 562-564.

[M] M. Ram Murty, *Primes in certain arithmetic progressions*, J. Madras Univ. (1988), 161-169.

[MT] M. Ram Murty, N. Thain, *Prime numbers in certain arithmetic progressions*, Funct. Approx. Comment. Math. **35** (2006), 249-259.

[N] T. Nagell, *Sur les diviseurs premiers des polynômes*, Acta Arith. **15** (1969), 235-244.

[Sc] I. Schur, *Über die Existenz unendlich vieler Primzahlen in einigen speziellen arithmetischen Progressionen*, Sitzungber. Berliner Math. Ges. **11** (1912), 40-50.

[Su] J. Suzuki, *On coefficients of cyclotomic polynomials*, Proc. Japan Acad. Ser. A Math. Sci. **63** (1987), 279-280.

[T] 高木貞治, 『初等整数論講義』, 第 2 版, 共立出版, 1971 年.

第8話
ヴィーフェリッヒ素数

43

57

1729

あっ

ラマヌジャン革命！

何してるの？

素数大富豪よ…

大富豪

普通のトランプの大富豪と違って
原則として
素数大富豪は捨てカードの数字列が
素数になってないといけないのよ

革命は同数字カード4枚の代わりに
ラマヌジャンのタクシー数
1729 が必要なの

細かい話は
webで…

へえ

このまま場が流れれば
あたしの勝ち

うう

1729 より小さい素数を
カード4枚を使って出せれば
いいんだけど…

なお負けチームは
死にます

死

なんで？

私たちは
ヴィーフェリッヒ素数

あんたたちの魂
いただくわ

フェルマーの最終定理
Case I について…

pを奇素数とする.
$x^p + y^p = z^p$, $p \nmid xyz$ のとき

積 xyz が p で割り切れない
場合を Case I と呼ぶ.

この Case I に該当するような
整数の組 (x, y, z) が存在すると仮定したとき
$2^{p-1} \equiv 1 \pmod{p^2}$ が成り立つというのが
ヴィーフェリッヒの定理
（ワイルズによる完全解決以前の成果）よ

逆に言えば $2^{p-1} \not\equiv 1 \pmod{p^2}$ で
あるような P については Case I が
証明される.

この定理にちなんで $2^{p-1} \equiv 1 \pmod{p^2}$
を満たすような p がヴィーフェリッヒ
素数と呼ばれるようになったのよ

私は 1093

私は 3511

ヴィーフェリッヒ素数は無限に
存在するかもしれないから
あんたたちの魂が要るのよ

なんで？

1093 は 3511って
冥土のみやげに
覚えてってね

させるか！

お前たちを
足して！

4 で分かった値は

革命受けの

1151 だ！

1151 だわ…

あがり

あがりは
お茶
でしょ

おい！
サボってんじゃ
ねえ

なんだ
私たちも
死んでたのね

数学的解説

『素数大富豪』という名の，筆者(= 関)が 2014 年に考案したトランプゲームがあります．各プレイヤーは手札のカードを用いて素数を作り，場に出していきます．例えば素数大富豪の考案日は 5 月 23 日ですが，523 は素数なので，

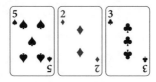

のように場に 3 枚出しすることができます(カードのスートに関するルールはありません)．いったん場にカードが出ると，次のプレイヤーは同じ枚数でより大きい素数を出す必要があります．10 のカードや絵札を用いると桁が増えて，例えば 3 枚出しでも

のように 6 桁の素数 131311 を出すことができます．このゲームは通常の『大富豪』とは異なり，山札があることが特徴的です．出せない場合はパスを選択することもできますし，山札からカードを 1 枚引いてもかまいません．引いてからカードを場に出すこともできます．出したカードが素数でないと判定された場合はカードを手札に戻し，ペナルティとして同じ枚数だけ山札からカードを引かなければなりません．パスが続いて最後に場にカードを出せたプレイヤーに手番が戻ってくると，場のカードを流して再び親となります．これを繰り返して最初に手札をなくしたプレイヤーの勝利です．

素数大富豪には他にも「合成数出し」など，いくつかの特徴的なルールがありますが，2016 年に公式ルールに追加されたルールの 1 つが菅原響生さん考案の「ラマヌジャン革命」です(通常の『大富豪』の「革命」ルールの類似物です)．

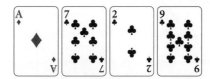

のように 1729 の 4 枚出しに成功すると，1729 ＝ 7×13×19 は素数ではありませんがペナルティは発生せず，それ以降は「場に出ているカードより小さい素数を出す」必要がある革命状態に入ります．これは 1729 がラマヌジャンのタクシー数とよばれる有名な数であることに因んでおり，ここでエピソードを詳しく紹介することはしませ

んが，1729 は

$$1729 = 1^3 + 12^3 = 9^3 + 10^3$$

のように 2 つの正の立方数の和として 2 通りに表すことのできる最小の整数です．

　2021 年に開催された素数大富豪の大会「マスプライム杯」の決勝戦（OTTY さん vs. nishimura さん，3 本先取）の 4 本目では OTTY さんによってラマヌジャン革命が出されました．その後，革命状態で

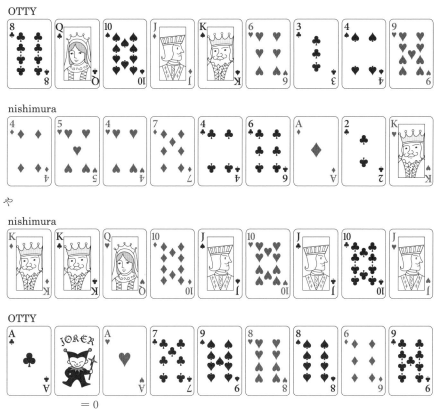

$= 0$

のように 9 枚出しでの進行があったりと，非常にハイレベルな戦いでした（ジョーカーは好きな数字として使うことができますが，何の代わりにするかは宣言しなくてはなりません）．2〜4 枚出しでも十分楽しいゲームですので，読者の皆さんもぜひ遊んでみてください[1]．

1）マスプライム杯は 2021 年，2022 年と nishimura さんが連覇し，MathPower 杯 2022 ではマリンさんが初の女性優勝者となりました．

* * *

次の定理は初等整数論において基本的です.

定理 8.1（フェルマーの小定理, 証明は p. 101）　p を素数とし, a を p と互いに素な整数とする. このとき, 合同式

$$a^{p-1} \equiv 1 \pmod{p}$$

が成り立つ. 特に, p が奇素数のとき,

$$2^{p-1} \equiv 1 \pmod{p}$$

が成り立つ.

この定理と関連して, 高木貞治先生の名著『近世数学史談』[T] の 15 節「パリからベルリンへ」の中に次のような記述があります:

> 第三巻にアーベルが提出した問題に次のようなものがある. 『μ は素数, α は 1 よりも大で μ よりも小なる整数とするとき, $\alpha^{\mu-1}-1$ が μ^2 で割り切れることがあるか?』

第三巻とは, クレレ誌の第三巻です. 同じことを繰り返して言うと, フェルマーの小定理を超えて $a^{p-1}-1$ が p^2 で割れるような場合はあるだろうか? という問いです. 各 a ごとの問いだと思って, $a=2$ の場合に限定して言うと,

　　$2^{p-1} \equiv 1 \pmod{p^2}$ が成り立つような奇素数 p は存在するか?

となります[2].

その答えを述べる前に, 「フェルマーの最終定理」の話をしましょう. 「フェルマーの大定理」ともよばれます. 「小定理」と難しさを比較して「大定理」というわけですね. 次の定理はフェルマーがディオファントスの『算術』に書き込みをして以降 300 年以上もの間未解決であり続けましたが, ワイルズが 1995 年に出版された論文において完全な証明を与えました（[TW, Wil]）.

定理* 8.2（フェルマーの最終定理）　n を 3 以上の整数とする. このとき,

$$x^n + y^n = z^n$$

を満たすような正整数の 3 つ組 (x, y, z) は存在しない.

フェルマーは証明を書き残してはいませんし, 当時の技術で証明できていたとは考えにくいので, 「フェルマー予想」や「（フェルマー--）ワイルズの定理」ともよばれます. これは今でこそ正しいことがわかっていますが, ワイルズ以前には多くの数学者

---

2) $a=3$ の場合は比較的小さい素数で見つかります（$p=11$）: $3^{10}-1 = 59048 = 2^3 \times 11^2 \times 61$.

によってさまざまなアプローチで挑戦され続けていた長い長い歴史があります．フェルマーの最終定理は Case I と Case II に分けて挑戦するのが伝統的な研究アプローチでした(Case I だったら何かしら成果が出たり，Case II ではより複雑な議論が必要になったりするということがよくありました)．

まず，フェルマーの最終定理を証明するには n が奇素数である場合のみを考えれば十分であることがわかります．このことは，以下のことから確かめられます．

- 3 以上の整数 n は必ず 4 またはある奇素数 p で割り切れる．
- n が m で割り切れる場合，$n = ml$ として，
$$x^n + y^n = z^n \implies (x^l)^m + (y^l)^m = (z^l)^m$$
  が成り立つ．
- $n = 4$ の場合は初等的に証明できる(実際，フェルマー自身が証明を書き残している)．

よって，フェルマーの最終定理を次の 2 つの予想を解決することに帰着することができます(人類史上，今は「定理」ですが，解かれていない状態を想像して「予想」と書きます)．

予想 8.3(Case I) p を奇素数とする．このとき，
$$x^p + y^p = z^p, \qquad p \nmid xyz$$
を満たすような正整数の 3 つ組 (x, y, z) は存在しない．

予想 8.4(Case II) p を奇素数とする．このとき，
$$x^p + y^p = z^p, \qquad p \mid xyz$$
を満たすような正整数の 3 つ組 (x, y, z) は存在しない．

ワイルズ以前にはすべての奇素数 p に対して Case I を証明するということもできていませんでしたので，特定の条件を満たす奇素数 p に対して Case I を証明するという研究がなされていました．最初期のものとしてはソフィー・ジェルマンの定理が有名ですが，今回紹介するのは，次のヴィーフェリッヒの定理です(1909 年)．

定理* 8.5(ヴィーフェリッヒの定理[Wie]) $2^{p-1} \not\equiv 1 \pmod{p^2}$ を満たすような奇素数 p については，フェルマーの最終定理の Case I は正しい．

この定理に因んで，次のような用語が使われるようになりました．

定義 8.6 $2^{p-1} - 1$ が p^2 で割り切れるような素数 p のことを**ヴィーフェリッヒ素数**という．ヴィーフェリッヒ素数ではない素数のことを**非ヴィーフェリッヒ素数**という．

実はアーベルの問題以降，ヴィーフェリッヒの定理が証明されるまでの間，ヴィーフェリッヒ素数の実例は1つも知られていませんでした．ヴィーフェリッヒの結果を受けてでしょうか，1913年にマイスナーによって最初のヴィーフェリッヒ素数1093が発見されます（[Me]）．つまり，

$$2^{1092} \equiv 1 \pmod{1093^2}$$

が成り立ちます．次いで，1922年に2つ目のヴィーフェリッヒ素数3511がビーガーによって発見されました（[B]）：

$$2^{3510} \equiv 1 \pmod{3511^2}.$$

ですが，3つ目のヴィーフェリッヒ素数は今もなお見つかっておりません（OEIS：A001220）．つまり，ワイルズ以前にも数値的にはそれなりの数の奇素数についてCase I は成立が示されていたということになります（例えば，[DK]において，$p <$ 6.7×10^{15} の範囲には3つ目のヴィーフェリッヒ素数はないことが確認されています．その後も PrimeGrid によって記録が更新されているようです）．

なお，ワイルズ以前にはヴィーフェリッヒの定理の類似の定理を証明するという研究が行われており，例えば次の定理があります（$a = 3$ の場合は1911年にミリマノフ [Mi] が証明）．

定理* 8.7（鈴木 [Su]）　a を113以下の正整数とする．このとき，$a^{p-1} \not\equiv 1 \pmod{p^2}$ を満たすような奇素数 p については，フェルマーの最終定理の Case I は正しい．

$p = 1093, 3511$ のとき，$3^{p-1} \equiv 1 \pmod{p^2}$ は流石に成り立っていないため，これらの素数についても Case I は証明されていました．この鈴木の定理を適用できない素数がもしあったとしても，それはとてつもなく珍しいことに違いありません．ですが，$a^{p-1} \equiv 1 \pmod{p^2}$ を満たすような素数 p の分布を理論的に調べることは，どうやら難しいようなのです．例えば，次の予想は未解決問題です．

予想 8.8　ヴィーフェリッヒ素数は無限に存在するであろう．

たった2個しか見つかっていないため，有限個しかないと予想したくなるかもしれません．ですが，もしフェルマー商

$$q_p(2) := \frac{2^{p-1}-1}{p}$$

の mod p における剰余が一様に分布するのであれば，p がヴィーフェリッヒ素数になる確率は $1/p$ とみなすことができ，ヴィーフェリッヒ素数の期待個数は

$$\sum_{p \in \mathscr{P}} \frac{1}{p} = \infty$$

ということになります。そして驚いたことに、剰余が一様に分布するという仮説は数値計算的にはそれなりに正しそうなのです！ $2^{p-1}-1$ について、$\bmod p$ では値が 0 に固定されるにも関わらず、$\bmod p^2$ になった途端に一様に分布しだすというのはいったいどうしてなのでしょうか。そして、このような現象が後で紹介するウォルステンホルム素数やウィルソン素数についても同様に期待されることを知ると、とても不思議でなりません。

なお、同様に考えると、$2^{p-1} \equiv 1 \pmod{p^2}$ かつ $3^{p-1} \equiv 1 \pmod{p^2}$ を満たす素数は有限個しかなさそうです。

補足説明

群論におけるラグランジュの定理を用いればフェルマーの小定理は当たり前になってしまうのですが、筆者(＝関)はアイデアの詰まった次の証明が大好きです。

定理 8.1 の証明　a が p と互いに素であれば、整数 i, j が $1 \leqq i, j \leqq p-1$ を満たすとき、$ia \equiv ja \pmod{p}$ ならば $i = j$ が成り立つ。このことから、剰余類の集合 $\{ia \bmod p \mid 1 \leqq i \leqq p-1\}$ は $\{i \bmod p \mid 1 \leqq i \leqq p-1\}$ に一致することがわかる。したがって、

$$a \times (2a) \times \cdots \times ((p-1)a) \equiv 1 \times 2 \times \cdots \times (p-1) \pmod{p},$$

すなわち

$$(p-1)! \cdot a^{p-1} \equiv (p-1)! \pmod{p}$$

が成り立つ。両辺を $(p-1)!$ で割ることにより、証明が完了する。　□

フェルマーは 1640 年に定理 8.1 の主張を述べており、1736 年にオイラー[E]が証明を与えました(ライプニッツも 1683 年までに証明を与えているようです)。オイラーによる証明は数学的帰納法を用いるものでしたが、上記証明の原型はアイボリーの 1806 年の論文[I]で出現したそうです。

1093 がヴィーフェリッヒ素数であることのランダウによる証明([L])　$p := 1093$ とする。$3^7 = 2187 = 2p+1$ なので、

$$3^{14} = (2p+1)^2 \equiv 4p+1 \pmod{p^2}. \tag{8.1}$$

また、$2^{14} = 16384 = 15p-11$ なので

$$2^{28} = (15p-11)^2 \equiv -330p+121 \pmod{p^2}$$

であり、

$$3^2 \cdot 2^{28} \equiv -2970p+1089 = -2969p-4 \equiv -1876p-4 \pmod{p^2}$$

を得る．4で割ると $3^2 \cdot 2^{26} \equiv -469p-1 \pmod{p^2}$ なので，

$$3^{14} \cdot 2^{182} \equiv -(469p+1)^7 \equiv -3283p-1 \equiv -4p-1 \pmod{p^2}.$$

(8.1)と合わせることにより $3^{14} \cdot 2^{182} \equiv -3^{14} \pmod{p^2}$ となるので，

$$2^{182} \equiv -1 \pmod{p^2}$$

が得られた．$1092 = 182 \times 6$ に注意すると

$$2^{1093-1} \equiv 1 \pmod{1093^2}$$

が結論付けられる． □

3511 がヴィーフェリッヒ素数であることのガイによる証明([G]) $q := 3511$ とする．まずは等式および合同式を5つほど用意したい．最初に

$$q-1 = 3510 = 2 \cdot 3^3 \cdot 5 \cdot 13 \tag{8.2}$$

である．$3^8 = 6561 = 2q-461$ より $3^{10} = 18q-4149 = 17q-638$ なので，

$$
\begin{aligned}
3^{10} \cdot 11 &= 187q-7018 = 185q+4 \\
&\equiv 4+q(185+q) = 2^2(1+924q) \pmod{q^2}.
\end{aligned}
\tag{8.3}
$$

また，

$$2^6 \cdot 5 \cdot 11 = 3520 = 9+q \equiv 9-3510q = 3^2(1-390q) \pmod{q^2}. \tag{8.4}$$

続いて，$2 \cdot 13^3 = 4394 = q+883$ であることから $2^3 \cdot 13^3 = 4q+3532 = 5q+21$ であり，$5^5 = 3125 = q-386$ なので，

$$
\begin{aligned}
5^7 &= 25q-9650 = 22q+883 \\
&\equiv q+883+q(5q+21) = 2 \cdot 13^3(1+4q) \pmod{q^2}.
\end{aligned}
$$

したがって，

$$2 \cdot 13^3 \equiv 5^7(1-4q) \pmod{q^2}. \tag{8.5}$$

最後に $2^{12} = 4096 = q+585$ から

$$2^{13} \cdot 3 = 6q+3510 = 7q-1. \tag{8.6}$$

準備した (8.2), (8.3), (8.4), (8.5), (8.6) を等式

$$
\begin{aligned}
&2^{1755} \cdot (2 \cdot 3^3 \cdot 5 \cdot 13)^3 \cdot (3^{10} \cdot 11)^{10} \cdot (3^2)^{10} \cdot 5^7 \\
&= (2^2)^{10} \cdot (2^6 \cdot 5 \cdot 11)^{10} \cdot (2 \cdot 13^3) \cdot (2^{13} \cdot 3)^{129}
\end{aligned}
$$

のそれぞれの部分に代入することにより，

$$
\begin{aligned}
&2^{1755}(q-1)^3 \cdot \{2^2(1+924q)\}^{10} \cdot (3^2)^{10} \cdot 5^7 \\
&\equiv (2^2)^{10} \cdot \{3^2(1-390q)\}^{10} \cdot 5^7(1-4q)(7q-1)^{129} \pmod{q^2}
\end{aligned}
$$

が得られる．両辺を

$$\frac{-(1+q)^3(1-924q)^{10}}{(2^2)^{10} \cdot (3^2)^{10} \cdot 5^7}$$

倍すれば

$$2^{1755} \equiv (1+q)^3(1-924q)^{10}(1-390q)^{10}(1-4q)(1-7q)^{129}$$
$$\equiv 1-q(-3+9240+3900+4+903)$$
$$= 1-4q^2 \equiv 1 \pmod{q^2}$$

に到達する．$3510 = 1755 \times 2$ なので，
$$2^{3511-1} \equiv 1 \pmod{3511^2}$$
が証明された． $\square$

　予想 8.8 は未解決ですが，非ヴィーフェリッヒ素数が無限に存在するかについてはどうでしょうか．ヴィーフェリッヒ素数は現状 2 つしか知られておらず，調べられた範囲においては圧倒的に少数派なので，非ヴィーフェリッヒ素数が無限に存在するのは当然に思えます．ですが，実はそれを証明することは簡単ではありません．

　それについての結果を紹介するために，1 つの基本的な補題を用意します．S を非ヴィーフェリッヒ素数全体の集合とします．

補題 8.9　n を正整数とし，メルセンヌ数 $M_n = 2^n - 1$（定義 1.5）を $M_n = s_n v_n$ と分解する．ただし，正整数 s_n と v_n は，s_n の素因数はすべて S の元（非ヴィーフェリッヒ素数），v_n の素因数はすべて $\mathcal{P} \setminus S$ の元（ヴィーフェリッヒ素数）として定める（M_n がヴィーフェリッヒ素数を素因数に持たない場合は $v_n := 1$．s_n についても同様）．このとき，素数 p について，以下が成立する．
（1）　$p \nmid n,\ p | s_n \Longrightarrow 2^n \not\equiv 1 \pmod{p^2}$.
（2）　$p | v_n \Longrightarrow 2^n \equiv 1 \pmod{p^2}$.

証明　(1)を示す．$p \nmid n$ かつ $p | s_n$ かつ $2^n \equiv 1 \pmod{p^2}$ であると仮定する．$2^{p-1} \equiv 1 \pmod p$ なので，$g := \gcd(p-1, n)$ に対して，$2^g \equiv 1 \pmod p$ が成り立つ．$2^g = 1 + ap$ とおくと，
$$2^n = (2^g)^{\frac{n}{g}} = (1+ap)^{\frac{n}{g}} \equiv 1 + a \cdot \frac{n}{g} \cdot p \pmod{p^2}.$$
$p \nmid n$ なので，$2^n \equiv 1 \pmod{p^2}$ より，$p | a$ でなければならない．その結果，$2^g \equiv 1 \pmod{p^2}$ であり，$2^{p-1} \equiv 1 \pmod{p^2}$ となって，$p \in S$ に矛盾する．

　次に(2)を示す．$p | v_n$ とする．このときも $g := \gcd(p-1, n)$ とおくと，やはり $2^g \equiv 1 \pmod p$ が成り立つ．よって，$2^g = 1 + ap$ とおくと，
$$2^{p-1} = (2^g)^{\frac{p-1}{g}} = (1+ap)^{\frac{p-1}{g}} \equiv 1 + a \cdot \frac{p-1}{g} \cdot p \pmod{p^2}$$
を得る．p はヴィーフェリッヒ素数なので，$p | a$ となり，$2^g \equiv 1 \pmod{p^2}$ がわかる．よって，$2^n \equiv 1 \pmod{p^2}$． $\square$

$q = M_p = s_p v_p$ をメルセンヌ素数としましょう．もし，$q = v_p$ であれば，補題 8.9 (2) より，$2^p \equiv 1 \pmod{q^2}$ が成り立ちます．これは $q^2 \mid q$ を意味し，矛盾します．よって，$q = s_p$ が成り立ち，q は非ヴィーフェリッヒ素数であることがわかりました．つまり，メルセンヌ素数が無限に存在すれば（課題 1.1），非ヴィーフェリッヒ素数も無限に存在することになります．ただし，メルセンヌ素数は珍しい素数であり，無限性も証明できる見込みがありません．

メルセンヌ素数に頼らない論法があれば嬉しいですが，シルヴァーマンは 1988 年に以下の定理を証明しました．

定理 8.10（シルヴァーマン[Si]）　ABC 予想[3]の仮定のもと，非ヴィーフェリッヒ素数は無限に存在する．

証明　S が有限集合であると仮定し，矛盾を導く．n を S の任意の元と互いに素な正整数とし（このような n は無限に存在する），メルセンヌ数の分解 $M_n = s_n v_n$ を考える．このとき，補題 8.9 (1) より

$$s_n \bigg| \prod_{p \in S} p$$

がわかり，(2) より v_n がパワフル数であることがわかる[4]．$\varepsilon \in (0,1)$ を任意にとる．このとき，$1 + M_n = 2^n$ に対して ABC 予想を適用することにより，有限個の例外を除く n に対して

$$(2^n)^{1-\varepsilon} < \mathrm{rad}(M_n \cdot 2^n) = 2 \cdot \mathrm{rad}(s_n v_n) \leq 2 \bigg(\prod_{p \in S} p \bigg) \sqrt{v_n}$$

が成り立つ（根基 rad は定義 7.7 で定義したもの）．$v_n \leq M_n < 2^n$ なので，

$$(2^n)^{1-\varepsilon} < C \times 2^{\frac{n}{2}}$$

がわかった（$C := 2 \prod_{p \in S} p$）．よって，$\varepsilon = 1/3$ と選んでおけば，$2^n < C^6$ が得られ，十分大きい n で矛盾する．　□

ABC 予想からは種々の有限性を導けることが多いですが，この応用では無限性が導かれている点が興味深いです．

3）ここで用いられる ABC 予想は次の形のものです：ε を $0 < \varepsilon < 1$ を満たす実数とする．このとき，$a + b = c$ および $\gcd(a,b,c) = 1$ を満たす正整数の 3 つ組 (a,b,c) のうち，不等式 $c^{1-\varepsilon} \geq \mathrm{rad}(abc)$ が成り立つものは高々有限個しかない．

4）m がパワフル数であるとは，m の任意の素因数 p に対して，$p^2 \mid m$ が成り立つときをいう．OEIS: A001694.

研究課題

課題 8.1 予想 8.8 を解決せよ．つまり，ヴィーフェリッヒ素数が無限に存在することを証明せよ．また，素数全体におけるヴィーフェリッヒ素数の占める相対密度は 0 であることを示せ．

課題 8.2 $2^{p-1} \equiv 1 \pmod{p^2}$ かつ $3^{p-1} \equiv 1 \pmod{p^2}$ を満たす素数 p は有限個しか存在しないことを示せ．

課題 8.3 $2^{p-1} \equiv 1 \pmod{p^3}$ を満たす素数 p は有限個しか存在しないことを示せ．

●参考文献

［B］ N. G. W. H. Beeger, *On a new case of the congruence $2^p-1 \equiv 1 \pmod{p^2}$*, Messenger of Mathematics **51** (1922), 149-150.

［DK］ F. G. Dorais, D. Klyve, *A Wieferich prime search up to 6.7×10^{15}*, J. Integer Seq. **14** (2011), Article 11.9.2, 14pp.

［E］ L. Euler, *Theorematum quorundam ad numeros primos spectantium demonstratio*, Commentarii Academiae Scientiarum Petropolitanae **8** (1736/1741), 141-146.

［G］ R. K. Guy, *A property of the prime* 3511, The Mathematical Gazette **49** (1965), 78-79,

［I］ J. Ivory, *Demonstration of a theorem respecting prime numbers*, In T. Leybourn, editor, New Series of the Mathematical Repository, 264-266. Glendinning, London, 1806.

［L］ E. Landau, *Vorlesungen über Zahlentheorie*, Vol. 3, S. Hirzel. Reprinted by Chelsea, 1969.

［Me］ W. Meissner, *Über die Teilbarkeit von 2^p-2 durch das Quadrat der Primzahl $p = 1093$*, Sitzungsber. Akad. d. Wiss. (1913), 663-667.

［Mi］ D. Mirimanoff, *Sur le dernier théorème de Fermat*, J. Reine Angew. Math. **139** (1911), 309-324.

［Si］ J. H. Silverman, *Wieferich's criterion and the abc-conjecture*, J. Number Theory **30** (1988), 226-237.

［Su］ J. Suzuki, *On the generalized Wieferich criteria*, Proc. Japan Acad. Ser. A **70** (1994), 230-234.

［T］ 高木貞治，『近世数学史談』，岩波文庫，1995．

［TW］ R. Taylor, A. Wiles, *Ring-theoretic properties of certain Hecke algebras*, Ann. of Math. **141** (1995), 553-572.

［Wie］ A. Wieferich, *Zum letzten Fermat'schen Theorem*, J. Reine Angew. Math. **136** (1909), 293-302.

［Wil］ A. Wiles, *Modular elliptic curves and Fermat's last theorem*, Ann. of Math. **141** (1995), 443-551.

第9話
ウォルステンホルム素数

ニャーーン

こちら
閻魔大王
です

かわいい！

では
いってみましょう

ズラーッ

ウォルステンホルム素数を
抽出しています…

それは
おるすばんホーム祖父

わかるの
おかしいでしょ

第 n 調和数 $\left(1+\dfrac{1}{2}+\dfrac{1}{3}+\cdots+\dfrac{1}{n}\right)$ を
既約分数で表したときの分子を a_n とおいて，
鍋でよく煮込み素因数分解します

グツッ
グツッ

それは？

二枚舌
です

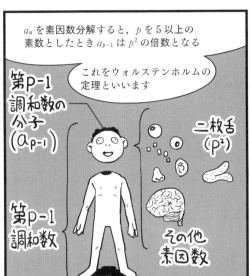

a_n を素因数分解すると，p を 5 以上の素数としたとき a_{p-1} は p^2 の倍数となる

これをウォルステンホルムの定理といいます

第p-1調和数の分子 (a_{p-1})

第p-1調和数

二枚舌 (p^2)

その他素因数

で まれに このような三枚舌が取れるんですよ

おいしい？

ニャーン

ゴウン　ゴウン

舌機

プシュー

a_{p-1} が p^3 で割り切れるような素数

人呼んでウォルステンホルム素数…

16843

2124679 よ

ニャーン

三枚舌も食べてみたい!?
大王
ウォルステンホルム素数はあの 2 つ以外にも存在するかはよくわからんのです

それよりも私たちみたいな三枚舌を持たない「非」ウォルステンホルム素数が無限に存在するかどうかが大事らしいよぉ

その証明がないと有限多重ゼータ値 $\zeta_{\mathcal{A}}(\boldsymbol{k})$ の研究成果は足元があやういみたい

ニャーーン

大王

成果が水泡に帰ったら舌が食えるというのは早計です！

食欲！

数学的解説

第2話の解説で定義した第 n 調和数 H_n を思い出して（定義2.3），H_n を既約分数で表示した際の分子を a_n とおきましょう[1]．$n = 4, 6, 10, 12, 16, 18, 22, 28$ の場合をピックアップして，a_n の素因数分解を観察してみます（OEIS：A076637）.

$$a_4 = 25 = 5^2,$$ $$a_{16} = 2436559 = 17^2 \times 8431,$$
$$a_6 = 49 = 7^2,$$ $$a_{18} = 14274301 = 19^2 \times 39541,$$
$$a_{10} = 7381 = 11^2 \times 61,$$ $$a_{22} = 19093197 = 3 \times 23^2 \times 53 \times 227,$$
$$a_{12} = 86021 = 13^2 \times 509,$$ $$a_{28} = 315404588903 = 29^2 \times 375035183.$$

これを眺めると，ある法則が見えてきます．実際，次の定理が成り立ちます.

定理 9.1（ウォルステンホルムの定理[W]，証明は p. 117）　p を5以上の素数とする．このとき，a_{p-1} は p^2 の倍数である.

a_{p-1} が p の倍数になっていることだけでも立派な法則ですが，さらに p^2 の倍数にもなっていることをウォルステンホルムは証明しました.

第3話で用いた環 $\mathbb{Z}_{(p)}$ における合同式を使えば，ウォルステンホルムの定理は素数 $p \geqq 5$ に対する合同式

$$H_{p-1} = 1 + \frac{1}{2} + \cdots + \frac{1}{p-1} \equiv 0 \pmod{p^2}$$

と表現することもできます.

第8話においてフェルマーの小定理からヴィーフェリッヒ素数の概念が生まれたのと同様に，ウォルステンホルムの定理からウォルステンホルム素数の概念が生まれます.

定義 9.2　a_{p-1} が p^3 で割り切れるような素数 p のことを**ウォルステンホルム素数**という．ウォルステンホルム素数ではない素数のことを**非ウォルステンホルム素数**という.

現在知られているウォルステンホルム素数は 16843 と 2124679 の2つのみです（OEIS：A088164）.

以下の2つの予想はともに未解決問題です（が，後者だけでも何とか証明できないものでしょうか）.

予想 9.3　ウォルステンホルム素数は無限に存在するだろう.

1）以下，一々「既約分数で表示した際の」と断らずに，単に「分子」，「分母」と表現します.

予想 9.4 非ウォルステンホルム素数は無限に存在するだろう.

（非）ウォルステンホルム素数は（非）正則素数とよばれる概念と密接な関係があります．正則素数と非正則素数は次のように定義されます．

定義 9.5（OEIS：A007703, A000928）　p を奇素数とし，h_p を円分体 $\mathbb{Q}(\zeta_p)$ の類数とする．h_p が p で割り切れないような素数 p のことを**正則素数**といい，h_p が p で割り切れるような素数 p のことを**非正則素数**という.

ζ_p は 1 の原始 p 乗根です（→ 第 7 話）．円分体や類数の定義は本書では割愛します．限られた範囲で観測すると非正則素数の方が少数派であり，1000 以下の非正則素数は次のようになっています.

$$37, 59, 67, 101, 103, 131, 149, 157, 233, 257, 263, 271, 283, 293, 307, 311, 347,$$
$$353, 379, 389, 401, 409, 421, 433, 461, 463, 467, 491, 523, 541, 547, 557, 577,$$
$$587, 593, 607, 613, 617, 619, 631, 647, 653, 659, 673, 677, 683, 691, 727, 751,$$
$$757, 761, 773, 797, 809, 811, 821, 827, 839, 877, 881, 887, 929, 953, 971.$$

100 以下の非正則素数について類数そのものを見ると

$$h_{37} = 37,$$
$$h_{59} = 3 \times 59 \times 233,$$
$$h_{67} = 67 \times 12739$$

となっており，たしかに $p \mid h_p$ が成り立っています（OEIS：A055513）.

この概念はクンマーによるフェルマーの最終定理に関する研究から生まれました．クンマーは 1847 年（以降），次の不朽の定理を証明したのです.

定理* 9.6（クンマー）　p を正則素数とする．このとき，$x^p + y^p = z^p$ を満たす正整数の 3 つ組 (x, y, z) は存在しない.

証明は Case I と Case II に分けて行われます（予想 8.3, 8.4）．非正則素数はそれなりにたくさんあるので（予想では素数全体における相対密度が 0.393 ぐらい），Case I に限定して言えば，（証明された年代を無視して比較すると）ヴィーフェリッヒの定理（定理 8.5）の方が優秀です（ヴィーフェリッヒの定理を適用できない素数は現状 2 つしか知られていないのでした）．（クンマーによる Case I に限定した研究も存在します．）　ですが，クンマーの定理は Case II についても証明できるという点できわめて画期的でした．Case II の場合の証明は少し難しいです.

p が正則素数であることのご利益が，$\mathbb{Z}[\zeta_p]$ のイデアル I について「I^p が単項イデアルならば I も単項イデアル」が成り立つことです．この性質はフェルマーの最終定理

の部分的証明において非常に有効ですが，これを使うアイデアを思いつけば後は一瞬というわけではなく，単数の制御に関する精密な議論が必要です[2]．

定義 9.2 と定義 9.5 を見比べても両者の関係はまったく見えてこないと思いますが，実は次のような関係があります．

命題 9.7 正則素数は非ウォルステンホルム素数である．

対偶をとると，ウォルステンホルム素数は非正則素数であることもわかります．いったい，なぜこのようなことが言えるのでしょうか．クンマーは定理 9.6 を証明しただけではなく，奇素数 p が正則素数かどうかを判定する美しい法則をも見出し（1850年），非正則素数の実例計算も行いました．その判定法は関-ベルヌーイ数 B_n（定義 5.5）を用いて次のように述べられます．

定理* 9.8（クンマーの判定法）p を奇素数とする．このとき，$(p-3)/2$ 個の有理数 $B_2, B_4, \cdots, B_{p-3}$ の各分子がいずれも p で割り切れないことは，p が正則素数であるための必要十分条件である．

円分体の類数と関-ベルヌーイ数（＝ リーマンゼータ関数の負の整数点における値）に関する，このような結びつきは高度に非自明であり，エルブラン-リベの定理や岩澤主予想などの高みへと繋がる出発点でもあります．証明の鍵は類数公式です．

一方，ウォルステンホルムの定理については，$\bmod p^2$ よりも精密に $\bmod p^3$ で考えると，次のように拡張されます：$p \geqq 5$ に対して，

$$H_{p-1} \equiv -\frac{B_{p-3}}{3} p^2 \pmod{p^3}.$$

こんなところに関-ベルヌーイ数が現れました．この事実を利用すると，ウォルステンホルム素数の別の特徴付けが得られます．

定理* 9.9 p を 5 以上の素数とする．このとき，p が B_{p-3} の分子を割ることは，p がウォルステンホルム素数であるための必要十分条件である．

定理 9.8 と定理 9.9 を組み合わせれば，定義からは意外であった命題 9.7 が得られます．

クンマーの定理が無限個の奇素数 p に対して指数が p の場合のフェルマーの最終定理を証明できていたかどうかは気になりますが，次は未解決問題です．

2）クンマーは最初は 2 つの仮定（上記ご利益と単数に関する仮定）を課していましたが，その後，正則素数であれば自動的に単数に関する仮定が満たされることを証明しています（クンマーの補題）．

予想 9.10 正則素数は無限に存在するであろう.

この予想が正しければ，系として予想 9.4 が得られます．一般化した方がかえって
証明がやさしくなることも数学ではしばしばありますが，正則素数の無限性は難しく
ても，まずは非ウォルステンホルム素数の無限性だけでも誰か証明できないものだろ
うかと思います.

このような特定の型の素数の無限性は未解決であることが多いため，「非正則素数
の無限性もどうせ未解決なんでしょ」と思われるかもしれません．ところが，次は定
理なのです.

定理 9.11（イェンセン[J]，証明は p.119） 非正則素数は無限に存在する.

p で割れるか割れないかで定義される型の素数では，何となく p で割れる方の無限
性の方が難しそうな気もします（実際は場合によりますが）．素数全体集合における予
想としての相対密度も正則素数と非正則素数では正則素数の方が大きいです（限られ
た範囲では正則素数の方が非正則素数よりも頻繁に現れる）．にも関わらず「非正則
素数の無限性」は比較的やさしく，既に証明されているというのはなんだか不思議で
す．証明を見れば，クンマーの判定法とクンマー合同式のおかげで非正則素数の住み
処が見つかるため証明できるのだと納得できます.

非ウォルステンホルム素数の無限性は有限多重ゼータ値とよばれる研究対象と関わ
りがあるため，以下それについて解説します.

有限個の例外を除く素数について成り立つ合同式は本書で紹介するもの以外にも多
数ありますが，そのような合同式の族を 1 つの等式として表現するうまい枠組みがあ
ります．それは可換環 $\mathcal{A}$ の世界で考えるというものです.

定義 9.12（無限大素数を法とする整数環） 可換環 $\mathcal{A}$ を

$$\mathcal{A} := \left(\prod_{p \in \mathcal{P}} \mathbb{Z}/p\mathbb{Z} \right) \Big/ \left(\bigoplus_{p \in \mathcal{P}} \mathbb{Z}/p\mathbb{Z} \right)$$

で定義する.

この環は少なくともアックスの論文[A]までは遡れます[3]．$\mathcal{A}$ の元は，本当は同値
類であるとわかるようにすべきですが，代表元で表すことも多いです．つまり，
$(b_p)_{p \in \mathcal{P}} \in \prod_{p \in \mathcal{P}} \mathbb{Z}/p\mathbb{Z}$ の形で表します．b_p も $\mathbb{Z}/p\mathbb{Z}$ の元ではなく，$\mathbb{Z}$ における代表元を用
いて記述したり，同型 $\mathbb{Z}_{(p)}/p\mathbb{Z}_{(p)} \simeq \mathbb{Z}/p\mathbb{Z}$ を通して $\mathbb{Z}_{(p)}$ の元で表示したりすることも

3）アックスは連続体仮説を仮定すると環同型 $\mathcal{A} \simeq \left(\prod_{p \in \mathcal{P}} \mathbb{F}_{p^p} \right) \Big/ \left(\bigoplus_{p \in \mathcal{P}} \mathbb{F}_{p^p} \right)$ が成り立つことを示しています
（$\mathbb{F}_q$ は q 元体）.

あります. $\beta = (b_p)_{p \in \mathscr{P}}$ と $\gamma = (c_p)_{p \in \mathscr{P}}$ を考えるとき, もし有限個の例外を除く素数 p に対して $b_p = c_p$ であれば($\mathbb{Z}$ または $\mathbb{Z}_{(p)}$ における代表元で記述している場合は $b_p \equiv c_p \pmod{p}$), $\mathscr{A}$ の元としては $\beta = \gamma$ です.

有限個の例外を無視していい世界なので, $(b_p)_{p \in \mathscr{P}}$ において, b_p が未定義であったり b_p を $\mathbb{Z}/p\mathbb{Z}$ の元と考えることができない場合があったとしても, そのような例外ケースが有限個だけであれば $\mathscr{A}$ の元としては well-defined であるため, $(b_p)_{p \in \mathscr{P}}$ という表記を許します. 以上のルールに基づくと, 有理数 $r \in \mathbb{Q}$ に対して, $(r)_{p \in \mathscr{P}} \in \mathscr{A}$ という元が well-defined です(r の既約分数表示の分母に現れる素数を除いて, $r \in \mathbb{Z}_{(p)}$). そうして, 対応 $r \mapsto (r)_{p \in \mathscr{P}}$ によって, $\mathscr{A}$ が可換環であるだけではなく, $\mathbb{Q}$ 代数の構造を持つことがわかります. なお, $\mathscr{A}$ は被約な環であり[4], 整域ではないことが簡単に確認できます.

このように $\mathscr{A}$ の世界を導入しておけば, 有限個の例外を除く素数 p に対して成立する合同式 $b_p \equiv 0 \pmod{p}$ の族は $\mathscr{A}$ における 1 つの等式 $(b_p)_{p \in \mathscr{P}} = 0$ と表現できるようになります. また, 特定の型の素数の無限性を $\mathscr{A}$ における言葉に翻訳することもできます(簡単なので証明は省略します).

補題 9.13 $(b_p)_{p \in \mathscr{P}}$ を有限個の例外を除いて $b_p \in \mathbb{Z}_{(p)}$ を満たす数列とし, $\beta := (b_p)_{p \in \mathscr{P}} \in \mathscr{A}$ とする. このとき, 以下の同値性がそれぞれ成り立つ.

（1） $p \nmid b_p$ を満たす素数 p が無限に存在する $\iff \beta \neq 0$.

（2） $p \mid b_p$ を満たす素数 p が無限に存在する $\iff \beta$ は零因子である.

例えば, h_p を定義 9.5 のとおりとすると, $\mathscr{A}$ の元 $h_p := (h_p)_{p \in \mathscr{P}}$ が定まり, 予想 9.10 は「$h_p \neq 0$」(未解決)と言い換えられ, 定理 9.11 は「h_p は零因子」(証明済)と言い換えられます.

$r \in \mathbb{Q}^{\times}$ と素数 p に対して**フェルマー商** $q_p(r)$ を

$$q_p(r) := \frac{r^{p-1} - 1}{p}$$

と定義すると, フェルマーの小定理(定理 8.1)によって $\mathscr{A}$ の元

$$\log_{\mathscr{A}}(r) := (q_p(r))_{p \in \mathscr{P}}$$

が well-defined に定まります. 関数 $\log_{\mathscr{A}} \colon \mathbb{Q}^{\times} \to \mathscr{A}$ について, 対数法則

$$\log_{\mathscr{A}}(rs) = \log_{\mathscr{A}}(r) + \log_{\mathscr{A}}(s) \qquad (r, s \in \mathbb{Q}^{\times})$$

が成り立つことが記号の由来です. このとき, 非ヴィーフェリッヒ素数の無限性(定理 8.10)は $\log_{\mathscr{A}}(2) \neq 0$ と表現できます.

---

4) つまり, $\alpha \in \mathscr{A}$ について正整数 n が存在して $\alpha^n = 0$ が成り立つならば, $\alpha = 0$.

現状，$\mathscr{A}$ の世界で最もよく研究されている対象は**有限多重ゼータ値**です（cf. [K]）。これは d を正整数として，$(k_1, \cdots, k_d) \in \mathbb{Z}_{>0}^d$ ごとに次のように定義されます：

$$\zeta_{\mathscr{A}}(k_1, \cdots, k_d) := \left(\sum_{0 < n_1 < n_2 < \cdots < n_d < p} \frac{1}{n_1^{k_1} n_2^{k_2} \cdots n_d^{k_d}} \right)_{p \in \mathscr{P}} \in \mathscr{A}.$$

正整数の組を $\boldsymbol{k} = (k_1, \cdots, k_d)$ と略記して，$\zeta_{\mathscr{A}}(\boldsymbol{k})$ と表記することも多いです。

冒頭の数列 $(a_n)_{n \in \mathbb{Z}_{>0}}$ について，「a_{p-1} が p の倍数になっていることだけでも立派な法則」と述べましたが，この法則は

$$\zeta_{\mathscr{A}}(1) = 0$$

と表現することができます（例外素数が何であるのかを気にしない場合）。実際は，任意の正整数 k に対して

$$\zeta_{\mathscr{A}}(k) = 0 \tag{9.1}$$

が成り立ちます。このような等式があるたびに「合同式の族」という法則があるのだと思うと嬉しくなってきますが，常に「$\zeta_{\mathscr{A}}(\boldsymbol{k}) = 0$」であると思われているわけではありません。次のように，いくつかの有限多重ゼータ値たちが協力しあって0をつくるケースもあります（線形関係式とよばれます）：

$$2\zeta_{\mathscr{A}}(1,4,1) + \zeta_{\mathscr{A}}(1,1,3,1) + \zeta_{\mathscr{A}}(1,2,2,1) + \zeta_{\mathscr{A}}(1,3,1,1) = 0.$$

このような線形関係式はたくさん成り立つのですが，それらをすべて把握してしまおうという野心的な研究が世界中で行われています。

先ほど「常に『$\zeta_{\mathscr{A}}(\boldsymbol{k}) = 0$』であると思われているわけではありません」と少し歯切れの悪い表現を用いましたが，実は次は未解決です。

予想 9.14 ある正整数 d とある $\boldsymbol{k} \in \mathbb{Z}_{>0}^d$ が存在して，

$$\zeta_{\mathscr{A}}(\boldsymbol{k}) \neq 0$$

が成り立つ。

これが未解決ということは，「すべての $\zeta_{\mathscr{A}}(\boldsymbol{k})$ が0」という状況を否定できていないのです[5]。世界中の研究者が一生懸命研究して証明したさまざまな線形関係式が，実は「$0 + \cdots + 0 = 0$」を示していた（自明！）という残念な可能性をまだ排除できていないのです！

2以上の整数 k ごとに $\mathscr{A}$ の元 $\mathfrak{z}(k)$ を

$$\mathfrak{z}(k) := \left(\frac{B_{p-k}}{k} \right)_{p \in \mathscr{P}}$$

で定めましょう。$p \geq k$ で B_{p-k} は定義されており，そのとき，$B_{p-k} \in \mathbb{Z}_{(p)}$ が成り立ち

5）$\boldsymbol{k}$ が空の場合も考慮すると，そのときは $\zeta_{\mathscr{A}}(\varnothing) = 1$ と定義するのが自然ですが，この鍵括弧書きでは空の場合を除いて考えています。

ます(補足説明で紹介するクラウゼン–フォン・シュタウトの定理および $k \geqq 2$ から従います). k が偶数のときは奇素数 p に対して $p-k$ が奇数なので $\mathfrak{z}(k) = 0$ です. 一方, クンマーの判定法(定理 9.8), 正則素数の無限性(予想 9.10)および補題 9.13 より次が予想できます.

予想 9.15 3 以上の任意の奇数 k に対して
$$\mathfrak{z}(k) \neq 0$$
であろう.

正整数 k_1, k_2 に対して
$$\zeta_{\mathcal{A}}(k_1, k_2) = (-1)^{k_2} \binom{k_1 + k_2}{k_1} \mathfrak{z}(k_1 + k_2)$$
が証明されています. よって, 予想 9.4 が正しければ
$$\zeta_{\mathcal{A}}(1, 2) = 3 \cdot \mathfrak{z}(3) \neq 0$$
となって, 懸案の未解決問題である予想 9.14 は解決します. 非ウォルステンホルム素数の無限性が証明されてほしい 1 つの大きな理由はここにあります.

ところで, 有限多重ゼータ値の関係式が活発に研究され始めたのは 2010 年以降ですが, それより 20 年ほど前から**多重ゼータ値**とよばれる対象の満たす関係式が活発に研究されています([AK]が標準的教科書です). $\boldsymbol{k} = (k_1, \cdots, k_d)$ に対して,
$$\zeta(\boldsymbol{k}) := \sum_{0 < n_1 < \cdots < n_d} \frac{1}{n_1^{k_1} \cdots n_d^{k_d}}$$
と定義されます. ただし, 収束のために $k_d \geqq 2$ を仮定します. 例えば,
$$\zeta(1, 2) = \zeta(3), \qquad \zeta(4) + \zeta(2, 2) + \zeta(1, 3) - 2\zeta(1, 1, 2) = 0$$
のような線形関係式が多重ゼータ値間で大量に成り立ちます. もともと, 多重ゼータ値全体の生成する $\mathbb{Q}$ 代数 $\mathcal{Z} \subset \mathbb{R}$ の持つ豊かな代数構造に人々が魅了され, 研究していた中で, 有限多重ゼータ値の生成する $\mathbb{Q}$ 代数 $\mathcal{Z}_{\mathcal{A}} \subset \mathcal{A}$ は新しく注目を浴びた世界なのです. 単に $\mathcal{Z}$ と $\mathcal{Z}_{\mathcal{A}}$ がそれぞれの世界を形作っているだけであれば, 似た世界が存在することは興味深いものの, 特別大きな驚きがあるわけではないでしょう. ところが, これら 2 つの世界の間には驚愕すべき結びつきがあることが金子–ザギエによって発見されました.

定義 9.16 $\boldsymbol{k} = (k_1, \cdots, k_d) \in \mathbb{Z}_{>0}^d$ に対して, **対称多重ゼータ値** $\zeta_{\mathcal{S}}(\boldsymbol{k})$ を
$$\zeta_{\mathcal{S}}(\boldsymbol{k}) := \sum_{i=0}^{d} (-1)^{k_{i+1} + \cdots + k_d} \zeta^*(k_1, \cdots, k_i) \zeta^*(k_d, \cdots, k_{i+1})$$
と定義する.

記号 ζ^* は ζ のままでは収束しない場合をケアするためのもので，本書ではその定義は割愛しますが（[AK]の「正規化」で解説されています），$\zeta_{\mathcal{S}}(\boldsymbol{k}) \in \mathcal{Z}$ が成り立ちます．それだけではなく，対称多重ゼータ値全体の生成する $\mathbb{Q}$ 代数が $\mathcal{Z}$ に一致することが安田[Y]によって証明されているので，多重ゼータ値の線形関係式を研究することと対称多重ゼータ値の線形関係式を研究することはある意味では同等です．一番簡単なケースを計算すると，正整数 k に対して

$$\zeta_{\mathcal{S}}(k) = \begin{cases} 2\zeta(k) & (k \equiv 0 \pmod 2) \\ 0 & (k \equiv 1 \pmod 2) \end{cases}$$

となります．特に，定理 5.4 によって，$\mathcal{Z}$ において

$$\zeta_{\mathcal{S}}(k) \equiv 0 \pmod{\zeta(2)}$$

が成り立っていますが，金子-ザギエはこのことと(9.1)が対応しているというのです！　はるかに一般に，次の成立を予想しています．

予想 9.17（金子-ザギエ予想）　対応

$$\zeta_{\mathcal{A}}(\boldsymbol{k}) \mapsto \zeta_{\mathcal{S}}(\boldsymbol{k}) \bmod \zeta(2)$$

は well-defined な $\mathbb{Q}$ 代数同型

$$\rho_{\mathrm{KZ}} \colon \mathcal{Z}_{\mathcal{A}} \xrightarrow{\sim} \mathcal{Z}/\zeta(2)\mathcal{Z}$$

を与える．

　この予想が正しければ，「有限多重ゼータ値が満たす線形関係式」＝「対称多重ゼータ値が $\bmod\,\zeta(2)$ で満たす線形関係式」ということになります．
　計算は省きますが，$\zeta_{\mathcal{S}}(1,2) = 3\zeta(3)$ が成り立ちます．一方，$\zeta_{\mathcal{A}}(1,2) = 3 \cdot \mathfrak{z}(3)$ でした．よって，$\rho_{\mathrm{KZ}}(\mathfrak{z}(3)) = \zeta(3) \bmod \zeta(2)$ であり，

$$\mathfrak{z}(3) \neq 0 \iff \zeta(3) \notin \zeta(2)\mathcal{Z} \qquad \text{（予想 9.17 が成立する場合）}$$

という衝撃的な同値性を導きます．（解けそうにない）金子-ザギエ予想を仮定すれば，（解けてほしいが未解決の）非ウォルステンホルム素数の無限性から（解けそうにない）「$\zeta(3)$ が π^2 の有理数倍にはなり得ないこと」が導かれたりするというのです．上記同値性が正しく，もし難しさもある程度対応するのであれば，非ウォルステンホルム素数の無限性はアペリーの定理（定理 5.9）よりもだいぶ難しいという可能性もあるかもしれません．
　多重化を考えた先に，**ゼータ**と素数が「オイラー積表示とは異なる形で」斯様に非自明に結びつくことなど，ゼータと出会った段階では想像だにできなかったことです．この予想が解かれるのはいったいいつになるでしょうか．
　以上，駆け足でしたが，有限多重ゼータ値および対称多重ゼータ値の基礎については小野[O]が詳しいです．

補足説明

調和数は $H_1 = 1$ を除いて整数にはなれません（以下，何かに使うわけではありませんが，事実としてここに紹介しておきます）．

命題 9.18 $n \geqq 2$ のとき，H_n は整数ではない．

証明 $2^k \leqq n < 2^{k+1}$ を満たす整数 k をとる．$n \geqq 2$ のとき，$k \geqq 1$ である．また，整数 b_n, c_n を

$$H_n = \frac{c_n}{n!} = \frac{a_n}{b_n}$$

が成り立つように導入する．つまり，c_n は分母を $n!$ として通分した際の分子であり，a_n, b_n はそれぞれ $c_n/n!$ を約分して既約分数にした際の分子と分母である．H_n の定義から，$c_n = n!/2^k + c'_n$ とおくと，$n!/2^k$ と c'_n はともに整数であり，

$$\mathrm{ord}_2(n!/2^k) = \mathrm{ord}_2(n!) - k, \qquad \mathrm{ord}_2(c'_n) > \mathrm{ord}_2(n!) - k$$

が成り立つ．よって，$\mathrm{ord}_2(c_n) = \mathrm{ord}_2(n!) - k$ であり，a_n は奇数で $\mathrm{ord}_2(b_n) = k \geqq 1$ がわかる．特に，b_n は 1 ではない． □

次に，ウォルステンホルムの定理を証明しましょう．

命題 9.19（オイラーの恒等式） n を正整数とする．このとき，

$$H_n = \sum_{k=1}^{n} (-1)^{k-1} \binom{n}{k} \frac{1}{k}$$

が成り立つ．

証明 積分の変数変換により，以下のように計算できる．

$$
\begin{aligned}
H_n &= \int_0^1 (1 + x + x^2 + \cdots + x^{n-1}) \mathrm{d}x \\
&= \int_0^1 \frac{1 - x^n}{1 - x} \mathrm{d}x = \int_0^1 \frac{1 - (1-t)^n}{t} \mathrm{d}t \\
&= \int_0^1 \left(\sum_{k=1}^{n} (-1)^{k-1} \binom{n}{k} t^{k-1} \right) \mathrm{d}t = \sum_{k=1}^{n} (-1)^{k-1} \binom{n}{k} \frac{1}{k}.
\end{aligned}
$$

□

補題 9.20 p を 5 以上の素数とする．このとき，

$$1 + \frac{1}{2^2} + \cdots + \frac{1}{(p-1)^2} \equiv 0 \pmod{p}$$

が成り立つ．

証明 $\mathbb{Z}_{(p)}$ における剰余類の集合 $\{1/i \bmod p \mid 1 \leqq i \leqq p-1\}$ は $\{i \bmod p \mid 1 \leqq i \leqq$

$p-1$} に一致するので，

$$1+\frac{1}{2^2}+\cdots+\frac{1}{(p-1)^2} \equiv 1+2^2+\cdots+(p-1)^2$$

$$=\frac{1}{6}(p-1)p(2p-1) \equiv 0 \pmod{p}$$

となる($p \geqq 5$ に注意)．$\qquad\square$

補題 9.21 p を素数とし，$1 \leqq j \leqq p-1$ を満たす整数 j に対して，$\binom{p}{j}=pb_j$ によって整数 b_j を定める．このとき，

$$b_j \equiv \frac{(-1)^{j-1}}{j} \pmod{p}$$

が成り立つ．

証明 二項係数の定義より

$$\binom{p}{j}=p\cdot\frac{(p-1)(p-2)\cdots(p-j+1)}{j!}$$

なので，

$$b_j = \frac{(p-1)(p-2)\cdots(p-j+1)}{j!}$$

$$\equiv \frac{(-1)^{j-1}(j-1)!}{j!} = \frac{(-1)^{j-1}}{j} \pmod{p}$$

を得る．$\qquad\square$

定理 9.1 の証明 命題 9.19 より

$$H_p = \sum_{j=1}^{p}(-1)^{j-1}\binom{p}{j}\frac{1}{j}$$

なので，両辺から $1/p$ を引いて補題 9.21 を用いることにより

$$\frac{1}{p}\sum_{k=1}^{p-1}\frac{1}{k} = \sum_{j=1}^{p-1}b_j\cdot\frac{(-1)^{j-1}}{j} \equiv \sum_{j=1}^{p-1}\frac{1}{j^2} \pmod{p}$$

を得る．よって，補題 9.20 からウォルステンホルムの定理が導かれる．$\qquad\square$

次にカーリッツ[C]の手法に基づいて，非正則素数の無限性を証明します．関–ベルヌーイ数に関する次の2つの有名定理を証明に用います．

定理* 9.22（クラウゼン–フォン・シュタウトの定理）　n を正整数とするとき，

$$B_{2n}+\sum_{p\in\mathscr{P},\,p-1|2n}\frac{1}{p}\in\mathbb{Z}$$

が成り立つ．ここで，和は $p-1$ が $2n$ の約数であるような素数 p をわたる．特に，

B_{2n} の分母（正にとる）は $p-1$ が $2n$ の約数であるような素数 p の積に等しい.

　B_{2n} の分子を N_{2n}, 分母を D_{2n} とおきましょう. 例えば, $p-1 \mid 30$ を満たす素数は 2, $3, 7, 11, 31$ なので, クラウゼン–フォン・シュタウトの定理から

$$D_{30} = 2 \times 3 \times 7 \times 11 \times 31 = 14322$$

がわかります. 第 5 話で紹介した数値 $N_{30} = 8615841276005$ と合わせると,

$$B_{30} = \frac{8615841276005}{14322}$$

となります（n が小さいときとは違って, 一般に関–ベルヌーイ数は分子の絶対値の方が分母よりも大きくなります）.

定理* 9.23（クンマー合同式（の特別な場合））　p を素数とし, m, n を $2m \equiv 2n \equiv 0 \pmod{p-1}$ を満たす正整数とする. このとき, $\dfrac{B_{2m}}{2m}, \dfrac{B_{2n}}{2n} \in \mathbb{Z}_{(p)}$ であり, $\mathbb{Z}_{(p)}$ における合同式

$$\frac{B_{2m}}{2m} \equiv \frac{B_{2n}}{2n} \pmod{p}$$

が成り立つ.

　関–ベルヌーイ数にこのような関係があるのは当たり前のことではなく, p 進 L 関数とよばれる数学的対象の発見につながりました. なお, 合同式を述べるための前提である

$$p-1 \nmid 2n \implies \frac{B_{2n}}{2n} \in \mathbb{Z}_{(p)}$$

からアダムスの定理（定理 5.6）が得られます.

　さて, 数値実験による奇素数の正則性の判定にはクンマーの判定法（定理 9.8）が便利ですが, 非正則素数の無限性を証明するには, クンマー合同式によって言い換えた次の命題が役立ちます.

命題 9.24　p を奇素数とする. このとき, p がある正整数 n に対する $\dfrac{B_{2n}}{2n}$ を約分して既約分数にした際の分子を割り切ることは, p が非正則素数であるための必要十分条件である.

証明　p が $\dfrac{B_{2n}}{2n}$ の分子を割り切るとする. このとき, クラウゼン–フォン・シュタウトの定理によって $p-1 \nmid 2n$ である. よって, クンマー合同式により, ある正整数 $m \leq (p-3)/2$ が存在して,

$$\frac{B_{2m}}{2m} \equiv \frac{B_{2n}}{2n} \equiv 0 \pmod{p}$$

が成り立ち，$p \mid N_{2m}$ である．したがって，定理 9.8 より，p は非正則素数である．逆に，p が非正則素数であれば，定理 9.8 より，ある正整数 $n \leqq (p-3)/2$ が存在し，$p \mid N_{2n}$ である．このとき，$p \nmid 2n$ なので，p は $\dfrac{B_{2n}}{2n}$ の分子も割り切る．　□

　この命題により，有理数 $\dfrac{B_{2n}}{2n}$ の分子を非正則素数の住み処であると考えることができます．実際に非正則素数の無限性を示すためには，まず分子の絶対値が 1 より大きいことをいう必要がありますが，それは次のように関–ベルヌーイ数とリーマンゼータ値の結びつきを利用して証明できます．

補題 9.25　十分大きい正整数 n に対して，

$$\frac{|B_{2n}|}{2n} > 1$$

が成り立つ．

証明　定理 5.4 より

$$\frac{|B_{2n}|}{2n} = \frac{(2n-1)!}{2^{2n-1}\pi^{2n}} \times \zeta(2n)$$

が成り立つが，右辺を見ると，これは $n \to \infty$ で発散することがわかる．　□

　こうして $\dfrac{B_{2n}}{2n}$ の分子に実際に非正則素数が住んでいることがわかりますが，無限性を示すには与えられた有限個の非正則素数とは異なる新しい非正則素数を見出せなければなりません．そのために，クラウゼン–フォン・シュタウトの定理を使って手元にある素数を分母に匿い，分子に現れないようにします．

定理 9.11 の証明　$p_1, \cdots, p_k$ を与えられた非正則素数とする．また，a を十分大きい整数とし，$n := a(p_1-1)\cdots(p_k-1)$ とおく．このとき，補題 9.25 によって $\dfrac{B_{2n}}{2n}$ の分子の絶対値は 2 以上である．よって，その分子は必ず素因数を持つが，そのうちの 1 つをとって p とする．命題 9.24 によって，p は非正則素数である．また，クラウゼン–フォン・シュタウトの定理によって $p_1, \cdots, p_k$ はすべて $\dfrac{B_{2n}}{2n}$ の分母に現れており，特に分子には現れない．つまり，p は $p_1, \cdots, p_k$ のいずれとも異なる非正則素数である．$p_1, \cdots, p_k$ は何でもよかったので，非正則素数は無限に存在する．　□

　ウォルステンホルムの定理そのものは $\bmod\ p$ の合同式ではなく $\bmod\ p^2$ の合同式でしたが，$\mathscr{A}$ の代わりに

$$\mathscr{A}_2 := \left(\prod_{p \in \mathscr{P}} \mathbb{Z}/p^2\mathbb{Z} \right) \Big/ \left(\bigoplus_{p \in \mathscr{P}} \mathbb{Z}/p^2\mathbb{Z} \right)$$

を考えると，

$$\zeta_{\mathscr{A}_2}(1) = 0$$

と 1 つの等式で表すことができます. $\zeta_{\mathscr{A}_2}(\boldsymbol{k})$ の定義は, $\zeta_{\mathscr{A}}(\boldsymbol{k})$ の定義における各 p での有限和は同じものを考え, $\mathbb{Z}_{(p)}/p\mathbb{Z}_{(p)} \simeq \mathbb{Z}/p\mathbb{Z}$ における剰余類をとる代わりに $\mathbb{Z}_{(p)}/p^2\mathbb{Z}_{(p)} \simeq \mathbb{Z}/p^2\mathbb{Z}$ での剰余類をとればよいです.

対称多重ゼータ値の変種である $\zeta_{\mathscr{S}_2}(\boldsymbol{k})$ も(非自明ですが)次のように定義されます：

$$\zeta_{\mathscr{S}_2}(\boldsymbol{k}) := \zeta_{\mathscr{S}}(\boldsymbol{k}) + \widehat{\zeta}_{\mathscr{S}}(\boldsymbol{k}) \cdot t \in \mathscr{Z}[t]/(t^2),$$

$$\widehat{\zeta}_{\mathscr{S}}(\boldsymbol{k}) := \sum_{i=0}^{d-1} (-1)^{k_{i+1}+\cdots+k_d} \zeta^*(k_1, \cdots, k_i) \sum_{j=i+1}^{d} k_j \zeta^*(k_d, \cdots, k_j+1, \cdots, k_{i+1}).$$

ここで, t は不定元で, $(k_d, \cdots, k_j+1, \cdots, k_{i+1})$ は k_j+1 の部分にだけ「+1」をつけます. 環 $\mathscr{Z}[t]/(t^2)$ はいわゆる**二重数**の世界になっており,「二乗して 0 になる, 0 でない数」がある世界です.

このとき, 金子–ザギエ予想の「$\bmod p^2$ 版」が次のように期待されています. $\boldsymbol{p} := (p \bmod p^2)_{p\in\mathscr{P}} \in \mathcal{A}_2$ とし(**無限大素数**), $\mathscr{Z}_{\mathscr{A}_2}$ を $\zeta_{\mathscr{A}_2}(\boldsymbol{k})$ 全体および $\boldsymbol{p}$ の生成する $\mathbb{Q}$ 代数とします. また, $\overline{\mathscr{Z}} := \mathscr{Z}/\zeta(2)\mathscr{Z}$ として, 自然な全射 $\mathscr{Z}[t]/(t^2) \to \overline{\mathscr{Z}}[t]/(t^2)$ を π で表します.

予想 9.26　対応

$$\zeta_{\mathscr{A}_2}(\boldsymbol{k}) \mapsto \pi(\zeta_{\mathscr{S}_2}(\boldsymbol{k})), \qquad \boldsymbol{p} \mapsto t \bmod (t^2)$$

は well-defined な $\mathbb{Q}$ 代数同型

$$\rho_{\mathrm{KZ}:2} : \mathscr{Z}_{\mathscr{A}_2} \xrightarrow{\sim} \overline{\mathscr{Z}}[t]/(t^2)$$

を与える.

実数値である多重ゼータ値は $\bmod p^2$ の世界の法則を記述する能力もあると期待されているのです. $\zeta_{\mathscr{S}_2}(1) = -\zeta(2)t$ であり, これは $\bmod \zeta(2)$ で 0 と合同ですが, このことがウォルステンホルムの定理と対応するということです. より高い冪の場合については[OSY]を参照してください.

研究課題

課題 9.1　16843 と 2124679 以外にウォルステンホルム素数は存在するか.

ウォルステンホルムの定理は

$$\binom{2p-1}{p-1} \equiv 1 \pmod{p^3} \qquad (p \text{ は 5 以上の素数})$$

と言い換えることができます. この逆は成り立つでしょうか：

課題 9.2 (ジョーンズの予想)「2以上の整数 n について

$$\binom{2n-1}{n-1} \equiv 1 \pmod{n^3}$$

が成り立つならば，n は素数である」は真か？

$\mathscr{A}$ の元について，「非零な零因子は無理数」が成り立つので（無理数は $\mathbb{R}$ の場合と同様，有理数でない元と定義します），次の課題はヴィーフェリッヒ素数の無限性（予想8.8）の中間到達点と考えられます．

課題 9.3 $\log_{\mathscr{A}}(2)$ は無理数であることを証明せよ．

課題 9.4 予想9.14および予想9.15の証明に挑戦せよ．また，3以上の任意の奇数 k に対して $\mathfrak{Z}(k)$ が無理数であることを証明せよ．

課題 9.5 金子-ザギエ予想（予想9.17）を証明せよ．また，金子-ザギエ予想のさまざまな拡張が研究されているが，$\mathscr{A}$ の世界と $\mathbb{R}$ の世界の結びつきはどこまで拡張され得るだろうか．

●参考文献

［AK］ 荒川恒男，金子昌信，『多重ゼータ値入門』，COE Lecture Note Vol. 23，九州大学，2010.

［A］ J. Ax, *The elementary theory of finite fields*, Ann. of Math. **88** (1968), 239–271.

［C］ L. Carlitz, *Note on irregular primes*, Proc. Amer. Math. Soc. **5** (1954), 329–331.

［J］ K. L. Jensen, *Om talteoretiske Egenskaber ved de Bernoulliske Tal*, NYT Tidsskr. Mat. **B 26** (1915), 73–83.

［K］ M. Kaneko, *Finite multiple zeta values* (有限多重ゼータ値), RIMS Kôkyûroku Bessatsu **68** (2017), 175–190.

［O］ 小野雅隆，『「多重ゼータ値」から「有限多重ゼータ値」へ』，第26回整数論サマースクール「多重ゼータ値」報告集 (2019), 161–188.

［OSY］ M. Ono, S. Seki, S. Yamamoto, *Truncated t-adic symmetric multiple zeta values and double shuffle relations*, Res. Number Theory **7** (2021), 15.

［W］ J. Wolstenholme, *On certain properties of prime numbers*, Quart. J. Pure Appl. Math. **5** (1862), 35–39.

［Y］ S. Yasuda, *Finite real multiple zeta values generate the whole space Z*, Int. J. Number Theory **12** (2016), 787–812.

第10話
アンタッチャブル数

あれ？

12ちゃんは？

トイレかな

私は「5」

ここは…
アンタッチャブル数が落ちる地獄

アンタッチャブル数　地獄
U S J

なぜ人が
ここにいるのだ

メゴーラウンド

うえコースター

休憩できない所

こんぶ城2

こんぶ城

なんともいえない
アトラクションの数々で
永久に楽しむがいい

親戚の家

ねえ
「12」知らない？

一緒に
いたんだけど

腸

「12」は
アンタッチャブル数
ではないから

ここには
存在していない

正整数 n に対して n の正の約数の総和を表す
$\sigma(n)$ という関数から，n の真の約数の総和
$s(n) := \sigma(n) - n$ という関数を考えたとき

（数値列）
$2, 5, 52, 88, 96, 120, 124, 146, 162,$
$188, 206, 210, 216, 238, 246, 248, 262, \cdots$

$n = s(k)$ となるような正整数 k が
一切存在しない正整数 n が
アンタッチャブル数である

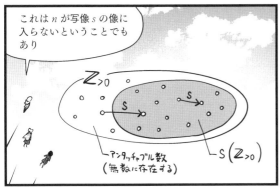

これは n が写像 s の像に
入らないということでも
あり

$\mathbb{Z}_{>0}$

s

s

アンタッチャブル数
（無数に存在する）

$s(\mathbb{Z}_{>0})$

そしてこのとき
不足数 $s(n) < n$
完全数 $s(n) = n$
過剰数 $s(n) > n$ なる
正整数 n がそれぞれ落ちる

地獄の集まり
タッチャブル数デスリゾート
T D R
がある

と
いうことは
つまり…

私は

USJ を経て
TDR にも落ちる

劫罰

かわいそう

奇数のアンタッチャブル数は私だけだと
予想されているのだが…

実は「ゴールドバッハ予想の強い版」を
仮定すれば証明ができる

[予想]
　n が6より大きい偶数であれば, n は2つの相異なる
　素数の和として表される。

もしこの予想が正しければ, 9以上の奇数 $2m+1$ について,
$2m > 6$ なので, $2m = p+q$ なる素数 $p \neq q$ が
存在する。このとき $2m+1 = p+q+1 = s(pq)$ はタッチャブル。
よって奇数のアンタッチャブル数は存在するとしても, 1, 3, 5, 7
だけであるが, $s(2)=1$, $s(4)=3$, $s(8)=7$ なので 5 のみとなる。

ゴーンベゴ

わたしが
こんな目にあう
理由がないん
だけど!?

思ったん
だが…

お前達 なんらかの
アンタッチャブル数では？

何

それはそれとして
痛い

ごあああ

過剰数地獄

バラバラ

ひー

第 10 話　アンタッチャブル数　123

数学的解説

定義 1.10 で導入した約数の総和関数 $\sigma(n)$ を用いると，不足数，完全数，過剰数という概念は (1.2) で定義されるのでした．第 2 話にも登場したように，$\sigma(n)$ は昔から非常によく研究されている関数です．一方で，完全数などは約数の総和関数の値そのものというよりは「約数のうち自分自身を除いたもの」を主役に考えているため，関数 $s(n) := \sigma(n) - n$ に興味を持ってもよさそうです．この記号を用いると

$$n：不足数 \iff s(n) < n,$$
$$n：完全数 \iff s(n) = n,$$
$$n：過剰数 \iff s(n) > n$$

となります．今回の主役は s を用いて次のように定義されます．

定義 10.1（OEIS：A005114）　正整数 n について，$n = s(k)$ を満たす正整数 k が存在しないとき，n を**アンタッチャブル数**という．

つまり，「ある正整数の真の約数の総和としては決して表せない正整数」がアンタッチャブル数です．1000 以下のアンタッチャブル数の数値例を眺めてみましょう．

> 2, 5, 52, 88, 96, 120, 124, 146, 162, 188, 206, 210, 216, 238, 246, 248, 262,
> 268, 276, 288, 290, 292, 304, 306, 322, 324, 326, 336, 342, 372, 406, 408,
> 426, 430, 448, 472, 474, 498, 516, 518, 520, 530, 540, 552, 556, 562, 576,
> 584, 612, 624, 626, 628, 658, 668, 670, 708, 714, 718, 726, 732, 738, 748,
> 750, 756, 766, 768, 782, 784, 792, 802, 804, 818, 836, 848, 852, 872, 892,
> 894, 896, 898, 902, 926, 934, 936, 964, 966, 976, 982, 996.

いつもどおり，新しい数列に出会えば無限性が気になります．答えは以下のとおりです．

定理 10.2（エルデシュ [E]，証明は p.128）　アンタッチャブル数は無限に存在する．

また，数値例を眺めると奇数のアンタッチャブル数が 5 しか見当たりませんが，実は次が予想されています．

予想 10.3　奇数のアンタッチャブル数は 5 のみであろう．

これは未解決ですが，強いゴールドバッハ予想を用いると証明できることが知られています．有名なゴールドバッハ予想は

予想 10.4（ゴールドバッハ予想）　n が 4 以上の偶数であれば，n は 2 つの素数の和

として表される.

ですが，これを少し強化した次も予想されています.

予想 10.5（強いゴールドバッハ予想）　n が 8 以上の偶数であれば，n は 2 つの相異なる素数の和として表される.

通常のゴールドバッハ予想は素数 p の 2 倍「$2p = p+p$」については素通りできますが，強いゴールドバッハ予想は $p \geqq 5$ であれば別の素数 $q_1, q_2 \, (q_1 \neq q_2)$ が存在して，$2p = q_1 + q_2$ が成り立つということまで主張しているわけです：

$$10 = 3+7, \qquad 38 = 7+31, \qquad 82 = 3+79,$$
$$14 = 3+11, \qquad 46 = 3+43, \qquad 86 = 3+83,$$
$$22 = 3+19, \qquad 58 = 5+53, \qquad 94 = 5+89.$$
$$26 = 3+23, \qquad 62 = 3+59,$$
$$34 = 3+31, \qquad 74 = 3+71,$$

「強いゴールドバッハ予想 $\Longrightarrow$ 予想 10.3」の証明は漫画に書かれているとおりです.

補足説明

定理 10.2 を証明しましょう．補題を 1 つ用意します.

補題 10.6　p を素数とする．このとき，

$$\lim_{x \to \infty} \frac{\#\{n \in \mathbb{Z}_{>0} \mid n \leq x, \ \sigma(n) \not\equiv 0 \pmod{p}\}}{x} = 0$$

が成り立つ.

証明　$q \equiv -1 \pmod{p}$ を満たす素数 q を小さい順に $q_1, q_2, \cdots$ と名付ける．このような素数は算術級数定理（定理 4.8）により無限に存在するが，さらに

$$\sum_{i=1}^{\infty} \frac{1}{q_i} = \infty$$

が成り立つ（定理 6.4）．よって，$v_i := (q_i - 1)/q_i^2$ とおくと，

$$\sum_{i=1}^{\infty} v_i = \infty$$

も成り立ち，このことから

$$\lim_{n \to \infty} \prod_{i=1}^{n} (1 - v_i) = 0$$

でなければならない．$\varepsilon > 0$ を任意にとり，

$$\prod_{i=1}^{r}(1-v_i) < \frac{\varepsilon}{2} \tag{10.1}$$

を満たす正整数 r をとる．また，Q を

$$Q := \prod_{i=1}^{r} q_i$$

とする．以下，正整数 N に対して，記号 $[N] := \{1, 2, \cdots, N\}$ を用いる．ここで，次の主張が成り立つことに注意する：「$m \in [Q^2]$ は，ある $i \in [r]$ について $q_i | m$ かつ $q_i^2 \nmid m$ を満たし，正整数 n は $n \equiv m \pmod{Q^2}$ を満たすとする．このとき，$\sigma(n) \equiv 0 \pmod{p}$ が成り立つ．」実際，このような n については $q_i | n$ かつ $q_i^2 \nmid n$ が成り立つので，命題 1.11 より $\sigma(q_i) | \sigma(n)$ であり，$\sigma(q_i) = 1 + q_i$ は定義から p の倍数である．

よって，$B := \{m \in [Q^2] \mid \forall i \in [r],\ q_i \nmid m \text{ or } q_i^2 | m\}$ とおくと，

$$\#\{n \in \mathbb{Z}_{>0} \mid n \le x,\ \sigma(n) \not\equiv 0 \pmod{p}\} \le \left\lceil \frac{x}{Q^2} \right\rceil \cdot \#B \le \left(\frac{x}{Q^2} + 1\right) \cdot \#B$$

と評価できる．詳細な計算は省略するが，包除原理を用いて

$$\#B = Q^2 \prod_{i=1}^{r}\left(1 - \frac{q_i - 1}{q_i^2}\right)$$

と計算できるので，(10.1) より，x が十分大きければ

$$\#\{n \in \mathbb{Z}_{>0} \mid n \le x,\ \sigma(n) \not\equiv 0 \pmod{p}\} < \left(\frac{x}{Q^2} + 1\right) \cdot \frac{\varepsilon Q^2}{2} < \varepsilon x$$

が成り立つ．ε は任意だったので，所望の極限を得る． □

この補題を用いて，次の定理を証明します．$p\#$ は**素数階乗**（OEIS：A002110）で，p 以下の素数の積と定義されます．

定理 10.7 ある素数 p が存在し，十分大きい $x > 0$ に対して

$$\#\{n \in \mathbb{Z}_{>0} \mid s(n) \le x,\ s(n) \equiv 0 \pmod{p\#}\} \le \frac{x}{2 \cdot (p\#)}$$

が成り立つ．

証明 p を十分大きい素数として固定し（取り方は後ほど指定する），x を正の実数とする．

$$E(x) := \{n \in \mathbb{Z}_{>0} \mid s(n) \le x,\ s(n) \equiv 0 \pmod{p\#}\}$$

とし，

$$E_1(x) := \{n \in E(x) \mid n \equiv 1 \pmod{2}\},$$
$$E_2(x) := \{n \in E(x) \mid n \equiv 0 \pmod{2},\ n \not\equiv 0 \pmod{p\#}\},$$
$$E_3(x) := \{n \in E(x) \mid n \equiv 0 \pmod{p\#}\}$$

とおく. このとき,

$$\#E(x) = \#E_1(x) + \#E_2(x) + \#E_3(x) \tag{10.2}$$

が成り立つ. まずは

$$\#E_1(x) = o(x), \qquad \#E_2(x) = o(x) \qquad (x \to \infty) \tag{10.3}$$

を示す.

$n \in E_1(x)$ のとき, n は奇数で $\sigma(n) \equiv n \pmod 2$ なので, $\sigma(n)$ は奇数である. すると, n は平方数でなければならず(cf. 命題 1.12 の証明), 正整数 m を用いて $n = m^2$ と表すことができる. m が素数のときは $\sigma(n) = 1 + m + m^2$ なので, $m < s(n) \leq x$ が成り立つ. よって, このような n の個数は高々「x 以下の素数の個数」であり, それは $o(x)$ である(第 2 話で紹介した素数定理の系. 直接的な初等的証明も可能). m が合成数のときは, $\sqrt{m} \leq l < m$ を満たす m の約数 l が存在し, lm は n の真の約数であるため, $m^{\frac{3}{2}} \leq lm < s(n) \leq x$ が成り立つ. よって, $m < x^{\frac{2}{3}}$ であり, このような n の個数は高々 $x^{\frac{2}{3}} = o(x)$ である. すなわち, $\#E_1(x) = o(x)$ が示された.

次に, $n \in E_2(x)$ とする. n は偶数なので, $\sigma(n) \geq n + n/2$ である. よって, $n/2 \leq s(n) \leq x$, すなわち $n \leq 2x$ が成り立つ. ゆえに

$$E_2(x) \subset \{ n \in \mathbb{Z}_{>0} \mid n \leq 2x, \ \sigma(n) \not\equiv 0 \pmod{p\#} \}$$
$$\subset \bigcup_{q \in \mathcal{P}, q \leq p} \{ n \in \mathbb{Z}_{>0} \mid n \leq 2x, \ \sigma(n) \not\equiv 0 \pmod{q} \}.$$

補題 10.6 より, p 以下の各素数 q に対して

$$\#\{ n \in \mathbb{Z}_{>0} \mid n \leq 2x, \ \sigma(n) \not\equiv 0 \pmod{q} \} = o(x)$$

が成り立つので, $\#E_2(x) = o(x)$ も示された(p は固定していることに注意).

最後に, $n \in E_3(x)$ の場合を考える. $n \equiv 0 \pmod{p\#}$ なので, 明示公式(1.3)より

$$\sigma(n) \geq n \prod_{q \in \mathcal{P}, q \leq p} \left(1 + \frac{1}{q} \right) \geq n \left(1 + \sum_{q \in \mathcal{P}, q \leq p} \frac{1}{q} \right)$$

と評価できる. ここで, よく知られているように素数の逆数和は発散するが, p は

$$\sum_{q \in \mathcal{P}, q \leq p} \frac{1}{q} \geq 3$$

が成り立つように選ぶ(これが, 後ほど指定するといっていたものである). すると, $\sigma(n) \geq 4n$ を得る. よって, $3n \leq s(n) \leq x$, すなわち $n \leq x/3$ がわかった. これより,

$$E_3(x) \subset \{ n \in \mathbb{Z}_{>0} \mid n \leq x/3, \ n \equiv 0 \pmod{p\#} \}$$

なので,

$$\#E_3(x) \leq \left\lfloor \frac{x}{3 \cdot (p\#)} \right\rfloor \leq \frac{x}{3 \cdot (p\#)}$$

と上から評価できる．(10.2)および(10.3)と合わせると，十分大きい x に対して

$$\# E(x) \leqq \frac{x}{2 \cdot (p\#)}$$

が成り立つことが示された． □

定理 10.2 の証明 定理 10.7 で存在する素数 p をとり，k を正整数とする．
$$U(k) := \{(p\#) \cdot m \mid m \in \mathbb{Z}_{>0}, \ m \leqq k\} \setminus s(E((p\#) \cdot k))$$
と $U(k)$ を定める．このとき，
$$\# U(k) = k - \# s(E((p\#) \cdot k)) \geqq k - \# E((p\#) \cdot k)$$
なので，k が十分大きければ，定理 10.7 より

$$\# U(k) \geqq k - \frac{(p\#) \cdot k}{2 \cdot (p\#)} = \frac{k}{2}$$

と評価できる．定義より $U(k)$ に属する元はすべてアンタッチャブル数であり，k はいくらでも大きくしてよいので，アンタッチャブル数は無限に存在する． □

以上でアンタッチャブル数が無限に存在することが証明されましたが，x 以下の偶数のアンタッチャブル数を見つけるアルゴリズムが知られているので紹介します．

定理 10.8（ポメランス–ヤングのアルゴリズム（[PY]）） 正の実数 x に対し，以下の計算を実行する：
（1） 平方数でないすべての奇数 $m < x$ について，$\sigma(m)$ を計算する．
（2） $\sigma(m) = m+1$ が成り立っている m については，$m+1$ にチェックをつける．
（3） (1)の各 m について，計算した $\sigma(m)$ の値を基に，公式
$$s(2m) = 3\sigma(m) - 2m, \qquad s(2^{j+1}m) = 2s(2^j m) + \sigma(m) \qquad (10.4)$$
によって順次 $s(2m), s(4m), s(8m), \cdots$ を値が x を超える直前まで計算する．それらの計算結果にチェックをつける．
（4） 合成数であるようなすべての奇数 $m < x^{\frac{2}{3}}$ について，$s(m^2)$ を計算し，それらの計算結果にチェックをつける．
実行後，チェックのついていない x 以下の正の偶数全体は，x 以下の偶数のアンタッチャブル数全体に一致する．

$x = 52$ のときにアルゴリズムを実行してみましょう．まず，(1)の計算を行うと表 10.1 が得られます．

（2）を実行すると，$4, 6, 8, 12, 14, 18, 20, 24, 30, 32, 38, 42, 44, 48$ にチェックがつき，この時点で残っているアンタッチャブル数の候補となる偶数は $2, 10, 16, 22, 26, 28, 34, 36, 40, 46, 50, 52$ となります．

表 10.1　52 未満の平方数でない奇数 m に対する $\sigma(m)$ の値.

m	3	5	7	11	13	15	17	19	21	23	27
$\sigma(m)$	4	6	8	12	14	24	18	20	32	24	40
m	29	31	33	35	37	39	41	43	45	47	51
$\sigma(m)$	30	32	48	48	38	56	42	44	78	48	72

(3) の計算を行うと次のようになります($m \in \{21, 27, 33, 35, 39, 45, 51\}$ については $s(2m) > 52$）：

$$\sigma(3) = 4 \,; \qquad s(6) = 6, \qquad s(12) = 16, \qquad s(24) = 36,$$
$$\sigma(5) = 6 \,; \qquad s(10) = 8, \qquad s(20) = 22, \qquad s(40) = 50,$$
$$\sigma(7) = 8 \,; \qquad s(14) = 10, \quad s(28) = 28,$$
$$\sigma(11) = 12 \,; \qquad s(22) = 14, \quad s(44) = 40,$$
$$\sigma(13) = 14 \,; \qquad s(26) = 16, \quad s(52) = 46,$$
$$\sigma(15) = 24 \,; \qquad s(30) = 42,$$
$$\sigma(17) = 18 \,; \qquad s(34) = 20,$$
$$\sigma(19) = 20 \,; \qquad s(38) = 22,$$
$$\sigma(23) = 24 \,; \qquad s(46) = 26,$$
$$\sigma(29) = 30 \,; \qquad s(58) = 32,$$
$$\sigma(31) = 32 \,; \qquad s(62) = 34,$$
$$\sigma(37) = 38 \,; \qquad s(74) = 40,$$
$$\sigma(41) = 42 \,; \qquad s(82) = 44,$$
$$\sigma(43) = 44 \,; \qquad s(86) = 46,$$
$$\sigma(47) = 48 \,; \qquad s(94) = 50.$$

この時点で 2, 52 以外はすべてアンタッチャブル数の候補から消えます．（4）の計算については，$52^{\frac{2}{3}} = 13.931\cdots$ なので，該当する m は 9 のみです．そして，$s(9^2) = 1 + 3 + 9 + 27 = 40$ ですが，これは既に $s(44) = 40$ で候補から消えていました．以上により，ポメランス–ヤングのアルゴリズム曰く，52 以下の偶数のアンタッチャブル数は 2 と 52 であることがわかりました．

　最後に，このアルゴリズムが正しいことを確認しておきましょう．

定理 10.8 の証明　x 以下の偶数のアンタッチャブル数をすべて見つけたければ，すべての正整数 n に対して $s(n)$ を計算して，その結果が x 以下の偶数になっているものにチェックをつければよい．このとき，チェックされていない x 以下の偶数が所望のアンタッチャブル数である．実際は有限時間内にすべての正整数 n について計

算を実行することはできないので，調べるべき n の範囲を適切に制限していく．

まず，$s(n)$ が偶数となるような n のみを調べればよいことがわかる．そのような n は以下の2パターンのいずれかである：

（ⅰ） n が偶数であり，n は平方数でも平方数の2倍でもない．

（ⅱ） n は奇数の平方数．

このことは，「$\sigma(n)$ が奇数 $\Longleftrightarrow n = (2$ の冪$) \times ($奇数の平方数$)$」という事実に注意すればわかる（この事実は命題 1.12 の証明の論法と同様に確かめられる）．

（ⅰ）を満たす n に対する $s(n)$ で x 以下のものを計算するには，平方数ではない奇数 m について，$s(2^j m), j = 1, 2, 3, \cdots$ を順次計算すればよい．このとき，m は $2^j m$ の真の約数であるため，$s(2^j m) > m$ が成り立つ．よって，m としては x 未満のもののみを扱えば十分である．なお，(10.4) が成り立つことの確認は約数の総和関数の乗法性を使えば容易い（命題 1.11）．この公式の活用のためにあらかじめ $\sigma(m)$ を計算しておくのがアルゴリズムの(1)であり，アルゴリズムの(3)によって(ⅰ)を満たす n に対する必要な計算は完了する．

次に（ⅱ）を満たす n に対する $s(n)$ の計算を考える（以下の議論は定理 10.7 の $\#E_1(x) = o(x)$ の証明と同様である）．$n = m^2$（m は奇数）と表示し，m が素数か合成数かで場合分けする（$s(1) = 0$ は考察外）．m が素数の場合は $s(m^2) = m+1$ である．このとき，$m < s(m^2)$ なので，$m < x$ を調べれば十分である．よって，「$\sigma(m) = m+1 \Longleftrightarrow m$ が素数」に注意すると，アルゴリズムの(2)で必要なチェック付けが実行されることがわかる．後は m が合成数の場合を考えればよい．m が合成数であることから，$\sqrt{m} \leqq l < m$ を満たす m の約数 l をとることができる．このとき，lm は m^2 の真の約数なので，$s(m^2) > lm \geqq m^{\frac{3}{2}}$．よって，$s(m^2) \leqq x$ であるためには，m は $x^{\frac{2}{3}}$ 未満のもののみを考えればよく，アルゴリズムの(4)で必要なチェック付けが行われることがわかる．　　　　　　□

研究課題

課題 10.1 ここで紹介したエルデシュによる定理 10.2 の証明は実質的にアンタッチャブル数の占める下密度[1]が正であることを証明しているが，自然密度の存在性およびその値について研究せよ．ポラックとポメランスは次を予想している（[PP]）：

1）正整数からなる集合 A の**下密度**とは

$$\liminf_{x \to \infty} \frac{x \text{ 以下の } A \text{ の元の個数}}{x}$$

のことを言います．

$$\mathrm{den}_U := \lim_{x \to \infty} \frac{x \text{以下のアンタッチャブル数の個数}}{x}$$

が存在し，

$$\mathrm{den}_U = \lim_{x \to \infty} \frac{1}{\log x} \sum_{n \leq x, \, n : \text{正の偶数}} \frac{e^{-\frac{n}{s(n)}}}{n} \fallingdotseq 0.17.$$

ここで，e はネイピア数．

課題 10.2 正整数 n に写像 s を繰り返し適用して得られる数列を n から始まる**ア リコット数列**という．例：20 から始まるアリコット数列：

$$20 \to 22 \to 14 \to 10 \to 8 \to 7 \to 1 \to 0.$$

このように「素数 $\to 1 \to 0$」となって停止する例もあれば，

$$\cdots \to 28 \to 28 \to 28 \to \cdots$$

や

$$\cdots \to 220 \to 284 \to 220 \to 284 \to \cdots$$

のように周期的になる例もある（完全数，友愛数（OEIS：A063990），社交数（周期3以上の場合））．果たしてアリコット数列の各軌道は有界であるのか（カタラン-ディクソン予想），それとも非有界になり得るのか（ガイ-セルフリッジの反予想）．

次の問題はアンタッチャブル数には関係ありませんが，「5」という整数について連想した問題です．

課題 10.3 p を素数とする．このとき，

$$\frac{p!}{p\#} + 1$$

が平方数となるのは，$p = 7$ のときの 5^2 のみであることを証明せよ．ここで，$p\#$ は素数階乗である（OEIS：A103890）．

$p = 7$ の場合は

$$\frac{7!}{7\#} + 1 = 1 \times 4 \times 6 + 1 = 25 = 5^2$$

と確認できます．

●参考文献

［E］ P. Erdős, *Über die Zahlen der Form $\sigma(n)-n$ und $n-\phi(n)$*, Elem. Math. **28** (1973), 83-86.

［PP］ P. Pollack, C. Pomerance, *Some problems of Erdős on the sum-of-divisors function*, Trans. Amer. Math. Soc. Ser. B **3** (2016), 1-26.

［PY］ C. Pomerance, H.-S. Yang, *Variant of a theorem of Erdős on the sum-of-proper-divisors function*, Math. Comp. **83** (2014), 1903-1913.

第11話
素数表現多項式

そんなおもむろに喋ったっけ

闇魔ではない

兄貴は無口でね

何してんの

闇魔！

どう？

OK

我々はマザー闇魔からムリムリ産まれてくる

蟻みたい

そして死ぬほどある地獄に送られこうして監視をしているのさ

君達のような…

逃亡を企てる者を見つけるためにね！

ワーッ

おや…

「ゼロ」にしたのに肉体があるぞ

なんか丸くて変なものを食っただろう

え？

タコ焼き？

それだ
君たちがUSJに落ちたのは…

数の世界で食事したせいで人間のままでいられず「数と人間のあいだ」になってしまったんだろう

曖昧！

ついてきな

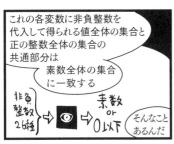

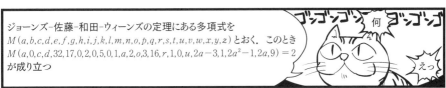

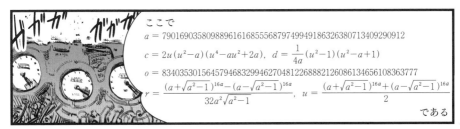

数学的解説

像が素数全体の集合 $\mathscr{P}$ の部分集合となるような写像を**素数表現関数**とよぶことにしましょう. 何を代入しても素数が返ってくるような関数のことです. 例えば, 任意の $n \in \mathbb{Z}_{>0}$ に対して $p(n)$ が n 番目の素数であるような関数 $p: \mathbb{Z}_{>0} \to \mathscr{P}$ は素数表現関数です. この関数を数式で表したければ, 例えば以下のような公式があります ([R]):

$$p(n) = \sum_{k=2}^{2^n} \left\lfloor \left(1 + \left| n - \left\lfloor \frac{1}{g(k)} \right\rfloor \sum_{j=2}^{k} \left\lfloor \frac{1}{g(j)} \right\rfloor \right| \right)^{-1} \right\rfloor k.$$

ただし, $g: \mathbb{Z}_{\geq 2} \to \mathbb{Z}_{>0}$ は

$$g(n) := \sum_{i=1}^{n-1} \left\lfloor \left\lfloor \frac{n}{i} \right\rfloor \middle/ \frac{n}{i} \right\rfloor$$

で定まる関数とします. ただ, この公式は最初のシグマの上部が 2^n となっている部分 (ここには $p(n) \leq 2^n$ という結果を用いている) 以外はほとんど素数の定義の単なる言い換えなので, 一定の興味はあるものの, 特段深い結果とは言えないでしょう.

このように特定の素数表現関数を定義したり, それを何らかの数式で表したりするのは特別難しいことではないかもしれませんが, 考える関数のクラスを (例えば多項式関数などに) 制限して非自明な素数表現関数を探すということは, 多くの人に興味を持たれ, 多数研究されてきました.

まず, 一番最初に考えてみたくなる単純な関数として1変数多項式関数がありますが, これは残念ながら素数表現関数にはなりません.

命題 11.1 (証明は p.137) 定数ではない1変数多項式 $f(x) \in \mathbb{Z}[x] \backslash \mathbb{Z}$ に対して, ある非負整数 n が存在して, $f(n)$ は素数ではない.

素数表現関数にはなっていませんが, オイラーは多項式 $f(x) = x^2 + x + 41$ について, $f(0), f(1), \cdots, f(39)$ の40個の値がすべて素数となることを発見しています. ちなみに, $f_a(x) := x^2 + x + a$ について, $f_a(0), f_a(1), \cdots, f_a(a-2)$ がすべて素数となるような正整数 a は $a = 2, 3, 5, 11, 17, 41$ の6個に限ることが証明されています (OEIS: A014556).

なお, 定数でない多変数多項式 $f(x_1, \cdots, x_d) \in \mathbb{Z}[x_1, \cdots, x_d]$ についても素数表現関数にはなりません (ここでは, 定義域は $\mathbb{Z}_{\geq 0}^d$ としましょう).

命題 11.2 (証明は p.137) d を正整数とする. 定数ではない d 変数多項式 $f(x_1, \cdots, x_d) \in \mathbb{Z}[x_1, \cdots, x_d] \backslash \mathbb{Z}$ に対して, ある d 個の非負整数 $n_1, \cdots, n_d$ が存在して, $f(n_1, \cdots, n_d)$ は素数ではない.

これは1変数多項式の場合に帰着することにより証明できます．さらに，多項式を代数関数に拡張しても素数表現関数は得られません（[JSWW]）．

　第4話の解説でフェルマー数 F_n を扱いましたが（定義4.6），そこで紹介したフェルマーの予想は「写像 $n \mapsto F_n$ は素数表現関数である」と述べなおすことができます（そして，この予想は正しくありませんでした）．ちゃんと素数表現関数になっているものも紹介しておきましょう．

定理* 11.3（ミルズ[Mi]）　ある実数 A が存在して，任意の正整数 n に対して $\lfloor A^{3^n} \rfloor$ は素数である．

定理* 11.4（ライト[Wr]）　ある実数 α が存在して，任意の正整数 n に対して

$$\left\lfloor 2^{2^{\cdot^{\cdot^{2^{2^\alpha}}}}} \right\rfloor \quad (2 \text{ が } n \text{ 回現れる}) \tag{11.1}$$

は素数である．

　$g_0 = \alpha$ とし，非負整数 n に対して $g_{n+1} = 2^{g_n}$ として $(g_n)_{n \in \mathbb{Z}_{\geq 0}}$ を定めると，(11.1)は $\lfloor g_n \rfloor$ と表すことができます．

　定数ではない d 変数多項式 $f(x_1, \cdots, x_d)$ について，定義域を $\mathbb{Z}_{\geq 0}^d$ と考えた関数 $(n_1, \cdots, n_d) \mapsto f(n_1, \cdots, n_d)$ は命題11.2によって素数表現関数ではありませんでした．それでは定義域を変更すればどうでしょう．

　d 変数多項式 $f(x_1, \cdots, x_d) \in \mathbb{Z}[x_1, \cdots, x_d]$ を考えるとき，$\mathbb{Z}_{\geq 0}^d$ の部分集合

$$f^{-1}(\mathbb{Z}_{>0}) = \{(n_1, \cdots, n_d) \in \mathbb{Z}_{\geq 0}^d \mid f(n_1, \cdots, n_d) > 0\}$$

に定義域を制限した関数を

$$f^+ : f^{-1}(\mathbb{Z}_{>0}) \to \mathbb{Z}_{>0}; \quad (n_1, \cdots, n_d) \mapsto f(n_1, \cdots, n_d)$$

と表すことにします．0以下の値は見ないことにするのです．このとき，素数表現関数であり，かつ像 $\mathrm{Im}(f^+)$ が無限集合であるような f^+ はあるでしょうか．実はこの設定に変えても，1変数のときには不可能なままなのです．

命題 11.5（証明は p.138）　定数ではない1変数多項式 $f(x) \in \mathbb{Z}[x] \setminus \mathbb{Z}$ であって，
（1）　$\mathrm{Im}(f^+) \subset \mathcal{P}$,
（2）　$\mathrm{Im}(f^+)$ が無限集合
を満たすようなものは存在しない．

　ところが，今回の設定では「1変数で無理なら多変数でも無理」とはなりません．というのも，さまざまに特殊化して得られる各1変数多項式については条件(2)が破れていても，もとの多変数多項式については成立しているという可能性があるからです．

そして，次の定理が実際に成立します！

定理 11.6 ある正整数 d について，定数ではない d 変数多項式 $f(x_1, \cdots, x_d) \in \mathbb{Z}[x_1, \cdots, x_d] \backslash \mathbb{Z}$ であって，$\mathrm{Im}(f^+) = \mathcal{P}$ を満たすようなものが存在する．

この定理では「$\mathrm{Im}(f^+) \subset \mathcal{P}$」かつ「$\mathrm{Im}(f^+)$ が無限集合」より強いことまで言えていることに注意してください．マチャセビッチは論文[Ma1]において，上記定理を成り立たせる 24 変数で次数（＝ 総次数）37 の多項式の構成を述べました．他にもさまざまな多項式が構成されており，マチャセビッチは 10 変数 11281 次の多項式も作っているようです（[Ma2]）．和田先生の本[Wa]には 19 変数 37 次の多項式が書かれています．

そのような多項式の中で非常に有名なものが，次のジョーンズ–佐藤–和田–ウィーンズ多項式です．それは 26 変数 25 次であり，変数も次数もいい感じに大きすぎず，特に 26 変数というのがアルファベットを a から z までちょうど使うという点で面白いです．

定理 11.7（ジョーンズ–佐藤–和田–ウィーンズ[JSWW]，証明は p. 139） 26 変数 25 次の多項式

$$
\begin{aligned}
(k+2)(1 &- (wz+h+j-q)^2 - ((gk+2g+k+1)(h+j)+h-z)^2 \\
&- (2n+p+q+z-e)^2 - (16(k+1)^3(k+2)(n+1)^2+1-f^2)^2 \\
&- (e^3(e+2)(a+1)^2+1-o^2)^2 - ((a^2-1)y^2+1-x^2)^2 \\
&- (16r^2y^4(a^2-1)+1-u^2)^2 \\
&- (((a+u^2(u^2-a))^2-1)(n+4dy)^2+1-(x+cu)^2)^2 \\
&- (n+l+v-y)^2 - ((a^2-1)l^2+1-m^2)^2 - (ai+k+1-l-i)^2 \\
&- (p+l(a-n-1)+b(2an+2a-n^2-2n-2)-m)^2 \\
&- (q+y(a-p-1)+s(2ap+2a-p^2-2p-2)-x)^2 \\
&- (z+pl(a-p)+t(2ap-p^2-1)-pm)^2)
\end{aligned}
$$

の各変数に非負整数を代入して得られる値全体の集合と正の整数全体の集合の共通部分は素数全体の集合 $\mathcal{P}$ に一致する．

この定理の数学的重要性は「多項式 f から得られる関数 f^+ が素数表現関数になるようなものが存在し，具体的に構成もできる」という点にあり，素数を見つけるという観点においての実用性はまったくありません（このことは証明の仕組みを見ればわかります）．実際，ジョーンズ–佐藤–和田–ウィーンズ多項式の a から z にテキトーに非負整数を代入しても，大抵は負の整数を返してしまいます．証明をちゃんと追えば値が素数となるような a から z を見つけることはできますが，試しに 2 を返すものを

探すと次のようになります.

定理 11.8（証明は p.153）　定理 11.7 の多項式を
$$M(a,b,c,d,e,f,g,h,i,j,k,l,m,n,o,p,q,r,s,t,u,v,w,x,y,z)$$
とおく. このとき,
$$M(a,0,c,d,32,17,0,2,0,5,0,1,a,2,o,3,16,r,1,0,u,2a-3,1,2a^2-1,2a,9)=2$$
が成り立つ. ここで,

$a = 79016903580988961616855568797499491863263807134092909912,$

$c = 2u(u^2-a)(u^4-au^2+2a),$

$d = \dfrac{(u^2-1)(u^2-a+1)}{4a},$

$o = 8340353015645794683299462704812268882126086134656108363777,$

$r = \dfrac{(a+\sqrt{a^2-1})^{16a}-(a-\sqrt{a^2-1})^{16a}}{32a^2\sqrt{a^2-1}},$

$u = \dfrac{(a+\sqrt{a^2-1})^{16a}+(a-\sqrt{a^2-1})^{16a}}{2}$

と代入している.

補足説明

命題 11.1 の証明　任意の非負整数 n に対して $f(n)$ が素数であると仮定する. $p := f(0)$ とおこう. このとき, $f(x)-p$ の根は重複込みで f の次数個しかないので, ある正整数 t および素数 q が存在して, $f(tp) = q \neq p$ が成り立つ. 一方, $f(tp) \equiv f(0) \equiv 0 \pmod{p}$ であるため, q が p で割り切れることになり矛盾. □

命題 11.2 の証明　$f(x_1,\cdots,x_d)$ を
$$f(x_1,\cdots,x_d) = \sum_{(k_1,\cdots,k_d)\in\mathbb{Z}_{\geq 0}^d} a_{k_1,\cdots,k_d} x_1^{k_1}\cdots x_d^{k_d}$$
と表示し, 「f の総次数 $(\max\{k_1+\cdots+k_d \mid a_{k_1,\cdots,k_d} \neq 0\})+1$」を N として, 1変数多項式 $F(x) \in \mathbb{Z}[x]$ を
$$\begin{aligned}F(x) &:= f(x, x^N, x^{N^2}, \cdots, x^{N^{d-1}}) \\ &= \sum_{(k_1,\cdots,k_d)\in\mathbb{Z}_{\geq 0}^d} a_{k_1,\cdots,k_d} x^{k_1+k_2 N+\cdots+k_d N^{d-1}}\end{aligned}$$
と定める. 任意の $n_1,\cdots,n_d \in \mathbb{Z}_{\geq 0}$ に対して $f(n_1,\cdots,n_d)$ が素数であると仮定しよう. このとき, 任意の非負整数 n に対して $F(n)$ は素数であり, 命題 11.1 より $F(x)$ は定数でなければならない. N の定義より, $a_{k_1,\cdots,k_d} \neq 0$ であるような $(k_1,\cdots,k_d)$ の成分は

すべて 0 以上 $N-1$ 以下である. $0 \leq k_i, k_j' \leq N-1$ で $(k_1, \cdots, k_d) \neq (k_1', \cdots, k_d')$ であれば, 整数の N 進法表記の一意性により,

$$k_1 + k_2 N + \cdots + k_d N^{d-1} \neq k_1' + k_2' N + \cdots + k_d' N^{d-1}$$

が成り立つ. よって, $F(x)$ の定数性から, $(k_1, \cdots, k_d) \neq (0, \cdots, 0)$ ならば $a_{k_1, \cdots, k_d} = 0$ が従う. これは $f(x_1, \cdots, x_d)$ も定数であることを示している. ☐

命題 11.5 の証明 $f(x) \in \mathbb{Z}[x] \backslash \mathbb{Z}$ は条件(1), (2)を満たすと仮定する. 条件(2)より, 十分大きい整数 n に対して $f(n) > 0$ でなければならない. よって, 条件(1)より, ある $N \in \mathbb{Z}_{>0}$ が存在して, 任意の $n \in \mathbb{Z}_{\geq N}$ に対して $f(n)$ は素数である. 後は命題 11.1 の証明と同じで, $p := f(N)$, $f(N+tp) \equiv f(N) \equiv 0 \pmod{p}$ なる計算で証明される. ☐

定理 11.7 を証明するために利用する素数判定法はウィルソンの定理です(これは証明は難しくありませんので, 証明は省略します).

定理* 11.9(ウィルソンの定理) k を正整数とする. このとき, $k+1$ が $k!+1$ を割り切ることは $k+1$ が素数であるための必要十分条件である.

p を素数とするとき合同式

$$(p-1)! \equiv -1 \pmod{p}$$

が成り立つので, これはフェルマーの小定理(定理 8.1)やウォルステンホルムの定理(定理 9.1)の仲間と思うことができます. そして, ヴィーフェリッヒ素数やウォルステンホルム素数と同様に, **ウィルソン素数**が定義されます. つまり, 合同式

$$(p-1)! \equiv -1 \pmod{p^2}$$

が成り立つような素数 p をウィルソン素数と定義するのです. ウィルソン素数は 5, 13, 563 の 3 つしか知られていません(OEIS: A007540). そして, やはりウィルソン素数の無限性は未解決問題です.

フェルマーの小定理の場合は合成数であっても同じ形の合同式を満たす場合があります. 例えば, ラマヌジャンのタクシー数 1729 はそれと互いに素な任意の正整数 a に対して

$$a^{1728} \equiv 1 \pmod{1729}$$

を満たします(同様の性質を満たす合成数を絶対擬素数とよびます. OEIS: A002997). 一方, 合成数 n については常に

$$(n-1)! \not\equiv -1 \pmod{n}$$

が成り立つので, ウィルソンの定理は厳密な素数判定法に利用できるのです(ただし, 実用的ではありません).

ウィルソンの定理を基に次の定理を示すことが，定理 11.7 の証明における要となります．

定理 11.10　k を正整数とする．このとき，非負整数 $a, b, c, d, e, f, g, h, i, j, l, m, n, o,$ $p, q, r, s, t, u, v, w, x, y, z$ が存在して，以下の(1)から(14)が成り立つことは，$k+1$ が素数となるための必要十分条件である．

(1)　$q = wz+h+j,$

(2)　$z = (gk+g+k)(h+j)+h,$

(3)　$(2k)^3(2k+2)(n+1)^2+1 = f^2,$

(4)　$e = p+q+z+2n,$

(5)　$e^3(e+2)(a+1)^2+1 = o^2,$

(6)　$x^2 = (a^2-1)y^2+1,$

(7)　$u^2 = 16(a^2-1)r^2y^4+1,$

(8)　$(x+cu)^2 = ((a+u^2(u^2-a))^2-1)(n+4dy)^2+1,$

(9)　$m^2 = (a^2-1)l^2+1,$

(10)　$l = k+i(a-1),$

(11)　$n+l+v = y,$

(12)　$m = p+l(a-n-1)+b(2a(n+1)-(n+1)^2-1),$

(13)　$x = q+y(a-p-1)+s(2a(p+1)-(p+1)^2-1),$

(14)　$pm = z+pl(a-p)+t(2ap-p^2-1).$

定理 11.10 ⇒ 定理 11.7 の証明　定理 11.10 の(1)から(14)のそれぞれについて，(右辺)−(左辺) を $P_1, \cdots, P_{14} \in \mathbb{Z}[a, \cdots, z]$ とおく．ただし，k のみ $k+1$ に置き換えておく（こうすると，k に代入する値も非負整数として扱える）．例えば，$P_1 := wz+h+j-q$．このとき，26 変数 25 次の多項式 $M(a, \cdots, z) \in \mathbb{Z}[a, \cdots, z]$ を

$$M(a, \cdots, z) := (k+2)(1-P_1^2-\cdots-P_{14}^2)$$

と定義する（P_8 の総次数が 12 である）．定理 11.10 より，非負整数 k について，$k+2$ が素数であることと，ある非負整数 $a, \cdots, j, l, \cdots, z$ が存在して

$$P_1(a, \cdots, z) = \cdots = P_{14}(a, \cdots, z) = 0$$

が成り立つことは同値である[1]．さらに，これは

$$1-P_1^2-\cdots-P_{14}^2 = 1$$

とも同値である．一方，非負整数値を代入する限り，常に

$$1-P_1^2-\cdots-P_{14}^2 \in \mathbb{Z}_{\leq 1}$$

1）変数と代入する非負整数値は本来は記号を変えるべきですが，乱用していることに注意してください．

なので，非負整数 k について，$k+2$ が素数であることと，ある非負整数 $a, \cdots, j, l, \cdots, z$ が存在して
$$M(a, \cdots, z) > 0$$
が成り立つことは同値であることがわかった．そして，非負整数値 $a, \cdots, z$ について $M(a, \cdots, z) > 0$ が成り立つとき，多項式の値は $M(a, \cdots, z) = k+2$ なので，$M(a, \cdots, z)$ が正であるような値 $M(a, \cdots, z)$ の全体集合は素数全体の集合 $\mathcal{P}$ に一致することが示された． □

それでは定理 11.10 の証明を目指しましょう．必要なペル方程式の理論に関する準備から始めます．

補題 11.11 a を 2 以上の整数とする．このとき，ペル方程式
$$x^2 - (a^2-1)y^2 = 1$$
の一般解 $(x_a(n), y_a(n))$ $(n \in \mathbb{Z})$ で $x_a(n) + y_a(n)\sqrt{a^2-1} > 0$ を満たすものは，初期値と漸化式が
$$x_a(0) = 1, \quad x_a(1) = a, \quad x_a(n+2) = 2a \cdot x_a(n+1) - x_a(n),$$
$$y_a(0) = 0, \quad y_a(1) = 1, \quad y_a(n+2) = 2a \cdot y_a(n+1) - y_a(n)$$
で与えられる．また，一般項は
$$x_a(n) = \frac{(a+\sqrt{a^2-1})^n + (a-\sqrt{a^2-1})^n}{2},$$
$$y_a(n) = \frac{(a+\sqrt{a^2-1})^n - (a-\sqrt{a^2-1})^n}{2\sqrt{a^2-1}}$$
で与えられる．

証明 $d := a^2-1$ とおき，環 $\mathbb{Z}[\sqrt{d}]$ で考える．$\alpha = x + y\sqrt{d} \in \mathbb{Z}[\sqrt{d}]$ に対して，$N(\alpha) := x^2 - dy^2$ とおく．このとき，$\alpha_0 := a + \sqrt{d}$ が「$N(\alpha) = 1$，$\alpha > 1$」の最小解であることを簡単に確認できる．「$N(\alpha) = 1$，$\alpha > 0$」の一般解 α について，$\alpha_0^n \leq \alpha < \alpha_0^{n+1}$ を満たす整数 n が一意的に存在する．このとき，$N(\alpha/\alpha_0^n) = 1$，$1 \leq \alpha/\alpha_0^n < \alpha_0$ なので，α_0 の最小性から $\alpha = \alpha_0^n$ である[2]．つまり，$\{\alpha_0^n \mid n \in \mathbb{Z}\}$ が「$N(\alpha) = 1$，$\alpha > 0$」の解全体である．$\alpha_0^n = x_a(n) + y_a(n)\sqrt{d}$ とおけば，
$$x_a(n) + y_a(n)\sqrt{d} = (a+\sqrt{d})^n, \qquad x_a(n) - y_a(n)\sqrt{d} = (a-\sqrt{d})^n$$
なので，これを解いて一般項が得られる．初期値は $\alpha_0^0 = 1$，$\alpha_0 = a + \sqrt{d}$ であり，漸化式は $\alpha_0^2 = 2a\alpha_0 - 1$ の両辺を α_0^n 倍すれば得られる． □

---

2) $\alpha_0^{-1} = a - \sqrt{d} \in \mathbb{Z}[\sqrt{d}]$ なので，$\alpha/\alpha_0^n \in \mathbb{Z}[\sqrt{d}]$ に注意.

一般項の公式から $x_a(-n) = x_a(n)$, $y_a(-n) = -y_a(n)$ がわかります. 以下, 記号 $a \in \mathbb{Z}_{\geq 2}, x_a, y_a$ は引き継ぎます.

補題 11.12 整数 n, m に対して
$$x_a(n \pm m) = x_a(n)x_a(m) \pm (a^2-1)y_a(n)y_a(m),$$
$$y_a(n \pm m) = x_a(m)y_a(n) \pm x_a(n)y_a(m)$$
が成り立つ(複号同順).

証明 補題 11.11 の一般項を用いて確認すればよい. □

補題 11.13 n を非負整数とする. このとき, $x_a(n)$ および $y_a(n)$ は n に関して狭義単調増大する関数である. また, $n + y_a(n-1) \leq y_a(n)$ が成り立つ.

証明 補題 11.12 より
$$x_a(n+1) = ax_a(n) + (a^2-1)y_a(n), \qquad y_a(n+1) = ay_a(n) + x_a(n)$$
が成り立つので, 単調増大性がわかる. 後半は $y_a(n)$ の漸化式を
$$y_a(n+1) - y_a(n) = y_a(n) - y_a(n-1) + (2a-2)y_a(n)$$
と変形することにより, 数学的帰納法で証明することができる. □

補題 11.14 整数 n について, $x_a(n)$ と $y_a(n)$ は互いに素である.

証明 これはペル方程式の形からすぐにわかる. □

補題 11.15 n, m を正整数とする. m が n の倍数であれば, $y_a(m)$ は $y_a(n)$ の倍数である.

証明 補題 11.12 より, 正整数 k に対して
$$y_a(n(k+1)) = x_a(n)y_a(nk) + x_a(nk)y_a(n)$$
が成り立つので, k に関する数学的帰納法で所望の性質が示される. □

補題 11.16 n, m を正整数とする. m が n の倍数であることは, $y_a(m)$ が $y_a(n)$ の倍数であるための必要十分条件である.

証明 半分は補題 11.15 で示されているので, $y_a(m)$ が $y_a(n)$ の倍数でありながら, m は n で割り切れないという状況を考える. このとき, $m = nq + r \, (0 < r < n)$ を満たす非負整数 q, r が存在する. 補題 11.12 より
$$y_a(m) = x_a(r)y_a(nq) + x_a(nq)y_a(r)$$
が成り立つ. 補題 11.15 より $y_a(n)$ は $y_a(nq)$ を割り切るので, $y_a(n) \mid x_a(nq)y_a(r)$. 補題 11.14 と補題 11.15 より $y_a(n)$ と $x_a(nq)$ が互いに素であることがわかるので,

$y_a(n) \mid y_a(r)$ を得る．しかし，これは補題 11.13 によって $y_a(n)$ が n に関して狭義単調増大であることに矛盾する． □

補題 11.17 n, k を正整数とする．このとき，
$$y_a(nk) \equiv kx_a(n)^{k-1}y_a(n) \pmod{y_a(n)^3}$$
が成り立つ．

証明 補題 11.11 の一般項の公式により
$$x_a(nk) + y_a(nk)\sqrt{a^2-1} = (a+\sqrt{a^2-1})^{nk} = (x_a(n)+y_a(n)\sqrt{a^2-1})^k$$
$$= \sum_{j=0}^{k} \binom{k}{j} x_a(n)^{k-j} y_a(n)^j (a^2-1)^{\frac{j}{2}}$$
と計算できる．よって，$\sqrt{a^2-1}$ の係数を比較することにより
$$y_a(nk) = \sum_{j \leq k,\, j : 正の奇数} \binom{k}{j} x_a(n)^{k-j} y_a(n)^j (a^2-1)^{\frac{j-1}{2}}$$
を得る（この式には整数しか現れない）．$j > 1$ の項はすべて $y_a(n)^3$ の倍数なので，所望の合同式が得られる． □

補題 11.18 n, m を正整数とする．$y_a(n)^2$ が $y_a(m)$ を割り切るならば，$y_a(n)$ は m を割り切る．

証明 $y_a(n)^2$ が $y_a(m)$ を割り切るとする．このとき，補題 11.16 より m は n の倍数である．そこで，$m = nk$ とおこう（k は正整数）．すると，補題 11.17 より $y_a(n)^2 \mid kx_a(n)^{k-1}y_a(n)$ が成り立つ．つまり，$y_a(n) \mid kx_a(n)^{k-1}$．よって，補題 11.14 より $y_a(n) \mid k$ を得る．k は m を割り切るので証明が完了する． □

補題 11.19 整数 n に対して，$y_a(n) \equiv n \pmod{a-1}$ が成り立つ．

証明 補題 11.11 の漸化式を用いることにより，n に関する数学的帰納法で証明できる． □

補題 11.20 a, b, k を 2 以上の整数とする．$a \equiv b \pmod{k}$ ならば，任意の整数 n に対して
$$x_a(n) \equiv x_b(n) \pmod{k}, \qquad y_a(n) \equiv y_b(n) \pmod{k}$$
が成り立つ．

証明 補題 11.11 の漸化式を用いることにより，n に関する数学的帰納法で証明できる． □

補題 11.21 任意の整数 n に対して，n と $y_a(n)$ の偶奇は一致する．

証明 補題 11.11 の漸化式より $y_a(n+2) \equiv y_a(n) \pmod 2$ なので，n に関する数学的帰納法で示される． □

補題 11.22 n を非負整数，p を $2ap - p^2 - 1 \geqq 1$ を満たす正整数とする．このとき，合同式

$$x_a(n) \equiv p^n + y_a(n)(a-p) \pmod{2ap - p^2 - 1}$$

が成り立つ．また，$a > p^n$ を満たすとき，

$$x_a(n) \geqq p^n + y_a(n)(a-p)$$

が成り立つ．

証明 前半の合同式は補題 11.11 の漸化式を用いることにより，n に関する数学的帰納法で証明できる．$a > p^n$ のときを考える．$n = 0, 1$ のときは所望の不等式は等号で成り立つので，$n \geqq 2$ とする．すると，$y_a(n)$ の単調性から

$$(a-1)\left(1 + \frac{1}{y_a(n)}\right) \leqq (a-1)\left(1 + \frac{1}{2a}\right) < a - \frac{1}{2} < \sqrt{a^2 - 1}$$

であり，補題 11.11 の一般項の公式から $\sqrt{a^2-1}\, y_a(n) < x_a(n)$ が成り立つので，

$$p^n + y_a(n)(a-p) \leqq a - 1 + y_a(n)(a-1) < \sqrt{a^2-1}\, y_a(n) < x_a(n)$$

と評価できる． □

補題 11.23 n を非負整数とする．このとき，

$$(2a-1)^n \leqq y_a(n+1) \leqq (2a)^n$$

が成り立つ．

証明 補題 11.11 の漸化式を用いることにより，n に関する数学的帰納法で証明する．$n = 0$ のときは $1 \leqq 1 \leqq 1$ で成立．$n \geqq 1$ とし，$n-1$ での成立を仮定すると，

$$y_a(n+1) = 2ay_a(n) - y_a(n-1) \leqq 2a \cdot (2a)^{n-1} = (2a)^n$$

および

$$y_a(n+1) = 2ay_a(n) - y_a(n-1) > (2a-1)y_a(n) \geqq (2a-1)^n$$

と評価できる． □

補題 11.24 整数 n, m に対し，合同式

$$x_a(2n \pm m) \equiv -x_a(m) \pmod{x_a(n)}$$

が成り立つ．

証明 補題 11.12 より

$$x_a(2n \pm m) = x_a(n)x_a(n \pm m) + (a^2-1)y_a(n)y_a(n \pm m)$$
$$\equiv (a^2-1)y_a(n)(y_a(n)x_a(m) \pm x_a(n)y_a(m))$$

$$\equiv (x_a(n)^2 - 1)x_a(m)$$
$$\equiv -x_a(m) \quad (\mathrm{mod}\, x_a(n))$$
と計算できる（合同式はすべて $\mathrm{mod}\, x_a(n)$）． □

補題 11.25 整数 n, m に対し，合同式
$$x_a(4n \pm m) \equiv x_a(m) \quad (\mathrm{mod}\, x_a(n))$$
が成り立つ．

証明 補題 11.24 より
$$x_a(4n \pm m) \equiv -x_a(2n \pm m) \equiv x_a(m) \quad (\mathrm{mod}\, x_a(n))$$
と計算できる． □

補題 11.26 n を正整数とし，i, j を $i \leqq j \leqq 2n$ を満たす非負整数とする．このとき，「$a = 2$, $n = 1$, $i = 0$, $j = 2$」の例外ケースを除いて，
$$x_a(i) \equiv x_a(j)\,(\mathrm{mod}\, x_a(n)) \implies i = j$$
が成立する．

証明 まず，$x_a(n)$ が奇数のときを考える．$q := (x_a(n) - 1)/2$ とおく．すると，
$$\{-q, -q+1, \cdots, -1, 0, 1, \cdots, q-1, q\}$$
は $\mathrm{mod}\, x_a(n)$ の完全代表系をなす．補題 11.13 より
$$1 = x_a(0) < x_a(1) < \cdots < x_a(n-1)$$
である．また，補題 11.12 より
$$x_a(n) = ax_a(n-1) + (a^2 - 1)y_a(n-1) \tag{11.2}$$
なので，
$$x_a(n-1) \leqq \frac{x_a(n)}{a} \leqq \frac{1}{2}x_a(n),$$
すなわち $x_a(n-1) \leqq q$ が成り立つ．補題 11.24 より $x_a(n+1), x_a(n+2), \cdots, x_a(2n)$ はそれぞれ $-x_a(n-1), -x_a(n-2), \cdots, -x_a(0)$ と $x_a(n)$ を法として合同であり，
$$-q \leqq -x_a(n-1) < -x_a(n-2) < \cdots < -x_a(1) < -x_a(0) = -1$$
である．以上により，$x_a(0), \cdots, x_a(2n)$ は $\mathrm{mod}\, x_a(n)$ ですべて互いに合同でないことがわかる．

次に，$x_a(n)$ が偶数のときを考える．今度は $q := x_a(n)/2$ とおく．このときは
$$\{-q+1, -q+2, \cdots, -1, 0, 1, \cdots, q-1, q\}$$
が $\mathrm{mod}\, x_a(n)$ の完全代表系をなす．奇数のときと同じく $x_a(n-1) \leqq q$ は成立している．したがって，$x_a(n-1) = x_a(n)/2 = q$ でない限りは奇数のときと同様に，$x_a(0)$, $\cdots, x_a(2n)$ は $\mathrm{mod}\, x_a(n)$ ですべて互いに合同でない．そこで，$x_a(n-1) = x_a(n)/2$ を

仮定する．(11.2)に代入すれば，$a = 2$ かつ $y_a(n-1) = 0$ が得られ，$n = 1$ となる．このとき，$x_2(0) = 1$，$x_2(1) = 2$，$x_2(2) = 7$ なので，$i = 0$，$j = 2$ のときには $x_a(i) \equiv x_a(j) \pmod{x_a(n)}$ が成り立っているが，その場合だけである． $\square$

補題 11.27 n を正整数とし，i, j を $0 < i \leq n$，$0 \leq j < 4n$ を満たす整数とする．このとき，
$$x_a(j) \equiv x_a(i) \pmod{x_a(n)} \implies j = i \text{ or } j = 4n - i$$
が成立する．

証明 $x_a(j) \equiv x_a(i) \pmod{x_a(n)}$ を仮定する．まず $j \leq 2n$ のときを考える．補題 11.26 より，例外ケースでなければ $j = i$ がいえる．今は $i > 0$ なので，例外ケースとなるのは $i = 2$，$j = 0$，$n = 1$ のときのみ．これは $i \leq n$ に反する．

次に，$j > 2n$ のときを考える．$j' := 4n - j$ とおく．このとき，$0 < j' < 2n$．補題 11.25 より $x_a(j') \equiv x_a(i) \pmod{x_a(n)}$ が成り立つので，補題 11.26 より例外ケースでなければ $j' = i$ が従う．$i, j' > 0$ なので例外ケースは起こり得ない． $\square$

補題 11.28 n を正整数とし，i を $0 < i \leq n$ 満たす整数，j を非負整数とする．このとき，
$$x_a(j) \equiv x_a(i) \pmod{x_a(n)} \implies j \equiv \pm i \pmod{4n}$$
が成立する．

証明 $x_a(j) \equiv x_a(i) \pmod{x_a(n)}$ を仮定する．j を $4n$ で割って，$j = 4nq + j'$（$q, j' \in \mathbb{Z}_{\geq 0}$，$0 \leq j' < 4n$）と表す．このとき，補題 11.25 より $x_a(j') \equiv x_a(j) \equiv x_a(i) \pmod{x_a(n)}$ が成り立つ．よって，補題 11.27 より $j' = i$ または $j' = 4n - i$ を得る．こうして，$j \equiv j' \equiv \pm i \pmod{4n}$ が示された． $\square$

以上でペル方程式に関する準備は終わりです．整数 A がある非負整数の 2 乗に等しいことを「$A = \square$」と表し，そうでないことを「$A \neq \square$」と表すことにします．

補題 11.29 2 以上の整数 e と非負整数 n が
$$e^3(e+2)(n+1)^2 + 1 = \square \tag{11.3}$$
を満たすならば，$e - 1 + e^{e-2} \leq n$ が成り立つ．また，任意の正整数 e, t に対して，(11.3) が成り立つような非負整数 n であって $t \mid n+1$ を満たすものが存在する．

証明 $a := e + 1$ とおくと，(11.3) は
$$(a^2 - 1)(a-1)^2(n+1)^2 + 1 = \square$$
となるので，補題 11.11 のペル方程式が $y = (a-1)(n+1)$ なる解を持つことがわか

る．よって，ある正整数 j が存在して，$(a-1)(n+1) = y_a(j)$．このとき，補題 11.19 より $a-1 \mid j$ なので，$j \geqq a-1$．したがって，補題 11.23 より

$$(a-2)(a-1)+(a-1)^{a-2} < (2a-1)^{a-2} \leqq y_a(a-1) \leqq y_a(j) = (a-1)(n+1)$$

を得る[3]．両辺を $a-1$ で割ることにより，

$$(a-2)+(a-1)^{a-3} < n+1,$$

すなわち $e-1+e^{e-2} \leqq n$ を得る．

後半を示す．任意の正整数 e, t が与えられたとき，$a := e+1$，$A := (a^2-1)(a-1)^2 t^2 \neq \square$ とおいて，ペル方程式 $x^2 - Ay^2 = 1$ を考える．ペル方程式は常に非自明な解を持つので(ディリクレの近似定理を用いて証明できる)，その解 $(x, y) \in \mathbb{Z}_{>0}^2$ に対して $n := ty-1$ とおけば，これは所望の性質を満たす． □

命題 11.30 a, n, y を $a \geqq 2$，$n \geqq 1$ を満たす非負整数とする．このとき，非負整数 $b, c, d, r, s, t, u, v, x$ が存在して以下の(1)から(8)が成り立つことは，$y = y_a(n)$ が成り立つための必要十分条件である．

（1）　$x^2 = (a^2-1)y^2+1,$

（2）　$u^2 = (a^2-1)v^2+1,$

（3）　$s^2 = (b^2-1)t^2+1,$

（4）　$v = 4ry^2,$

（5）　$b = a+u^2(u^2-a),$

（6）　$s = x+cu,$

（7）　$t = n+4dy,$

（8）　$n \leqq y.$

証明 まず，(1)から(8)を満たす非負整数 $b, c, d, r, s, t, u, v, x$ が存在すると仮定し，そのような $b, \cdots, x$ を1組とる．$v > 0$ を示すために，$v = 0$ を仮定する．このとき，(2)より $u = 1$ であり，(5)より $b = 1$ であり，(3)より $s = 1$ である．(6)より $x \leqq 1$ となるが，(1)より $x \geqq 1$ なので，$x = 1$．よって，(1)より $y = 0$ となって，(8)と $n \geqq 1$ であることが矛盾する．以上で $v > 0$ が示された．より簡単に $y, t > 0$．(1)より $x > 1$ で，(6)より $s > 1$．よって，(3)より $b \geqq 2$ である．さて，(1),(2),(3)が $y, v, t \geqq 1$ で成り立っているということは，補題 11.11 により，正整数 i, j, k が存在して

$$x = x_a(i), \qquad y = y_a(i),$$
$$u = x_a(k), \qquad v = y_a(k),$$
$$s = x_b(j), \qquad t = y_b(j)$$

3）最初の不等式は例えば $(a-2)(a-1) < a^{a-2}$ からわかる．

が成り立つ. このとき, 示すべきは $i = n$ である. (4) より $y \leqq v$ なので, 補題 11.13 より $i \leqq k$. (5) より $b \equiv a \pmod{u}$, すなわち $b \equiv a \pmod{x_a(k)}$ であり, 補題 11.20 より

$$x_b(j) \equiv x_a(j) \pmod{x_a(k)}$$

を得る. また, (6) より $s \equiv x \pmod{u}$, すなわち

$$x_b(j) \equiv x_a(i) \pmod{x_a(k)}$$

なので, 合わせると

$$x_a(j) \equiv x_a(i) \pmod{x_a(k)}$$

が成立する. よって, 補題 11.28 より $j \equiv \pm i \pmod{4k}$. (4) より $y^2 \mid v$, すなわち $y_a(i)^2 \mid y_a(k)$ なので, 補題 11.18 より $y_a(i) \mid k$ である. したがって,

$$j \equiv \pm i \pmod{4y_a(i)}.$$

(2), (4), (5) より $b \equiv 1 \pmod{4y}$ なので, 補題 11.19 と合わせると

$$y_b(j) \equiv j \pmod{4y_a(i)}$$

が得られる. (7) より $t \equiv n \pmod{4y}$, すなわち

$$y_b(j) \equiv n \pmod{4y_a(i)}$$

なので, 以上を合わせて

$$n \equiv \pm i \pmod{4y_a(i)}$$

が示された. (8) より $0 < n \leqq y_a(i)$, 補題 11.13 より $0 < i \leqq y_a(i)$ なので, $i = n$ でなければならない. 以上で, $y = y_a(i) = y_a(n)$ の証明が完了する.

次に, $y = y_a(n)$ を仮定する. $x := x_a(n)$ とすれば, (1) が成り立つ. $m := 4ny_a(n)$, $u := x_a(m)$, $v := y_a(m)$ とおく. すると, 補題 11.11 より (2) が成立する. 補題 11.17 より $y_a(ny_a(n))$ は y^2 で割り切れる. また, 補題 11.12 より整数 N に対して $y_a(2N) = 2x_a(N)y_a(N)$ が成り立つので, $v = y_a(m)$ は $4y^2$ で割り切れることがわかる. よって, (4) を満たす正整数 r が存在する. $b := a + u^2(u^2 - a)$ とおけば当然 (5) が成り立つ. $s := x_b(n)$, $t := y_b(n)$ とおけば補題 11.11 より (3) が成り立つ. $b \geqq a$ より $s = x_b(n) \geqq x_a(n) = x$ が成り立つ (添字部分に関する単調性は一般項の公式からわかる). また, (5) より $b \equiv a \pmod{u}$ なので, 補題 11.20 より $s \equiv x \pmod{u}$ である. 以上により, (6) を満たす非負整数 c の存在がわかる. 補題 11.13 より $t = y_b(n) \geqq n$. 補題 11.19 より $t \equiv n \pmod{b-1}$. (2), (4), (5) より $b \equiv 1 \pmod{4y}$ なので, $t \equiv n \pmod{4y}$. すなわち, (7) を満たす非負整数 d が存在する. (8) は補題 11.13 よりわかる. □

系 11.31 a, n, y を $a \geqq 2$, $n \geqq 1$ を満たす非負整数とする. このとき, 非負整数 c, d, r, u, x が存在して以下の (1) から (4) が成り立つことは, $y = y_a(n)$ が成り立つため

の必要十分条件である.

（ 1 ）　$x^2 = (a^2-1)y^2+1,$

（ 2 ）　$u^2 = 16(a^2-1)r^2y^4+1,$

（ 3 ）　$(x+cu)^2 = ((a+u^2(u^2-a))^2-1)(n+4dy)^2+1,$

（ 4 ）　$n \leqq y.$

証明　命題 11.30 の条件式において，v, b, s, t を消去すればよい.　　□

補題 11.32　正整数 q および $0 \leqq \alpha < 1/q$ を満たす実数 α に対して，不等式
$$0 < 1-q\alpha \leqq (1-\alpha)^q$$
が成り立つ.

証明　これは有名なベルヌーイの不等式から従う.　　□

補題 11.33　$0 \leqq \alpha \leqq 1/2$ を満たす実数 α に対して，不等式
$$(1-\alpha)^{-1} \leqq 1+2\alpha$$
が成り立つ.

証明　簡単な式変形で証明できる.　　□

さて，素数判定法にはウィルソンの定理を使うと予告していましたが，ウィルソンの定理には階乗が現れ，目標定理には現れません. 階乗を消すのに重要な役割を果たすのが次の補題です. a を b で割った余りを r(a, b) と表すことにします.

補題 11.34　$(2k)^k \leqq n$ および $n^k < p$ を満たす正整数 k, n, p に対して，
$$k! < \frac{(n+1)^k p^k}{\mathrm{r}((p+1)^n, p^{k+1})} < k!+1$$
が成り立つ.

証明　仮定から $k < n$ であることに注意して，二項定理により
$$(p+1)^n = \sum_{i=0}^{k} \binom{n}{i}p^i + p^{k+1} \sum_{i=k+1}^{n} \binom{n}{i}p^{i-k-1}. \tag{11.4}$$
ここで
$$(np)^{k+1}-1 = n^k(p^{k+1}n)-1 \leqq (p-1)p^{k+1}n-1 < p^{k+2}n-p^{k+1}$$
$$= (np-1)p^{k+1}$$
なので，
$$\sum_{i=0}^{k}\binom{n}{i}p^i \leqq \sum_{i=0}^{k} n^i p^i = \frac{(np)^{k+1}-1}{np-1} < p^{k+1} \tag{11.5}$$

を得る. (11.4), (11.5)は

$$\mathrm{r}((p+1)^n, p^{k+1}) = \sum_{i=0}^{k} \binom{n}{i} p^i \neq 0$$

であることを意味している. $2k \leqq n$, $kn^{k-1} < n^k < p$ に注意して

$$k! \sum_{i=0}^{k} \binom{n}{i} p^i \leqq k! \left(k \binom{n}{k-1} p^{k-1} + \binom{n}{k} p^k \right)$$

$$\leqq k! \left(\frac{kn^{k-1}}{(k-1)!} p^{k-1} + \frac{n^k}{k!} p^k \right)$$

$$= k^2 n^{k-1} p^{k-1} + n^k p^k < (k+n^k) p^k \leqq (1+n)^k p^k$$

なので, 後は

$$(k!+1) \sum_{i=0}^{k} \binom{n}{i} p^i > (n+1)^k p^k$$

を示せばよい.

$$\sum_{i=0}^{k} \binom{n}{i} p^i > \binom{n}{k} p^k$$

なので, 所望の不等式は

$$(k!+1) \binom{n}{k} > (n+1)^k$$

に帰着される.

$$\binom{n}{k} = \frac{n(n-1)\cdots(n-k+1)}{k!} \geqq \frac{(n-k+1)^k}{k!}$$

より

$$\frac{(n+1)^k}{\binom{n}{k}} \leqq \frac{k!}{\dfrac{(n-k+1)^k}{(n+1)^k}} = \frac{k!}{\left(1-\dfrac{k}{n+1}\right)^k} < \frac{k!}{\left(1-\dfrac{k}{n}\right)^k}.$$

後は, 補題 11.32, 補題 11.33, 仮定 $(2k)^k \leqq n$ より

$$k! \left(1-\frac{k}{n}\right)^{-k} \leqq k! \left(1-\frac{k^2}{n}\right)^{-1} \leqq k! \left(1+\frac{2k^2}{n}\right) \leqq k! \left(1+\frac{2k^2}{(2k)^k}\right)$$

$$\leqq k! \left(1+\frac{1}{k!}\right) = k!+1$$

と評価できるので, 証明は完了する. $\qquad\qquad\qquad\qquad\qquad\qquad\square$

命題 11.35 k, f を正整数とする. このとき, 非負整数 j, h, n, p, q, w, z が存在して以下の(1)から(6)が成り立つことは, $f = k!$ が成り立つための必要十分条件である.

（1） $q = wz + h + j$,

（2） $z = f(h+j) + h$,

（3）　$(2k)^3(2k+2)(n+1)^2+1 = \Box$,

（4）　$p = (n+1)^k$,

（5）　$q = (p+1)^n$,

（6）　$z = p^{k+1}$.

証明　まず，（1）から（6）を満たす非負整数 j, h, n, p, q, w, z が存在すると仮定し，そのような $j, \cdots, z$ を 1 組とる．（4）より $p \geqq 1$，（6）より $z \geqq 1$ である．もし $h+j=0$ ならば（2）より $z=h=0$ となって，矛盾する．また，仮定より $f \geqq 1$．よって，$1 \leqq h+j \leqq z$ である．$h+j=z$ ならば（1）より z は q を割り切るので，（5），（6）より p^{k+1} が $(p+1)^n$ を割り切ることになって矛盾する．よって，$1 \leqq h+j < z$ となって，（1）から $\mathrm{r}(q,z) = h+j$ が確定する．（4）より $n^k < p$ が成り立つ．また，（3）に補題 11.29 を適用すると

$$(2k)^k \leqq 2k-1+(2k)^{2k-2} \leqq n$$

を得る．よって，（4），（6）より $z = (n+1)^k p^k$ であることに注意して，補題 11.34 より

$$k! < \frac{z}{h+j} < k!+1$$

が成り立つ．一方，（2）より

$$f \leqq \frac{z}{h+j} \leqq f+1$$

なので，$X := z/(h+j)$ とおけば，

$$f \leqq X < k!+1 < X+1 \leqq f+2$$

が成り立ち，$f < k!+1 < f+2$ が得られる．f も $k!$ も整数なのだから，$f = k!$ でなければならない．

　次に，$f = k!$ を仮定する．補題 11.29 より，（3）および $(2k)^k \leqq n$ を満たす非負整数 n が存在する．そのような n を 1 つとって，$p := (n+1)^k$, $q := (p+1)^n$, $z := p^{k+1} \geqq 1$ としよう．この時点で（4），（5），（6）も成立する．さらに，

$$w := \frac{q-\mathrm{r}(q,z)}{z}, \quad h := z-f\mathrm{r}(q,z), \quad j := \mathrm{r}(q,z)-h$$

と w, h, j を定める．これは（1），（2）が成り立つように定義されている．w は q を z で割った商なので，非負整数である．後は $h, j \geqq 0$ のみを示すべきことである．現時点で補題 11.34 が使える状況になっているので，

$$k! < \frac{z}{\mathrm{r}(q,z)} < k!+1$$

が成り立つが，$f = k!$ の仮定より

$$f < \frac{z}{\mathrm{r}(q,z)} < f+1$$

が得られる．この2つの不等式が $h,j>0$ を導く． $\qquad\square$

以上で定理 11.10 を証明するための準備は整いました．

定理 11.10 の証明　まず，主張の(1)から(14)を満たす非負整数 $a,b,c,d,e,f,g,h,i,$ $j,l,m,n,o,p,q,r,s,t,u,v,w,x,y,z$ が存在すると仮定し，そのような $a,\cdots,j,l,\cdots,z$ を 1組とる．(3)に補題 11.29 を適用することにより，$2k\le n$ が成り立つ（特に，$2\le n$ および $k<n$ を念頭においておく）．(4)と(5)に補題 11.29 を適用すると，

$$p+q+z+2n-1+(p+q+z+2n)^{p+q+z+2n-2}\le a \tag{11.6}$$

が成り立つ（特に，$n<e\le a$）．(6),(7),(8),(11)より，系 11.31 を用いることができ（$n\ge1,a\ge2$ は既に確認済み），$y=y_a(n)$ が成り立つ．したがって，(6)より $x=x_a(n)$ となる．(9)と補題 11.11 より，非負整数 k' が存在して，$m=x_a(k')$，$l=y_a(k')$ が成り立つ．$n\ge1$ なので，(11)より $l<y$．よって，補題 11.13 より $k'<n$．以上により $k<n$，$k'<n$，$n<a$ であり，これらはすべて整数なので

$$k<a-1,\qquad k'<a-1 \tag{11.7}$$

を得る．(10)より $l\equiv k\pmod{a-1}$ であり，$l=y_a(k')$ および補題 11.19 より $k'\equiv k\pmod{a-1}$．(11.7)と合わせると，$k'=k$ がわかった．特に，$m=x_a(k)$，$l=y_a(k)$ となる．

(11.6)より $p<p+2n-1\le a$．また，$k<n$，(11.6)より

$$(n+1)^k<(p+q+z+2n)^{p+q+z+2n-2}\le a.$$

$a\ge n+2$ ならば $a+1\le 2a-n-1$ であるし，$a=n+1$ ならば $a+1<a^2$ なので，どちらにせよ $a+1<(2a-n-1)(n+1)$ が成り立って，

$$a<2a(n+1)-(n+1)^2-1 \tag{11.8}$$

である．まとめると，

$$\max\{p,(n+1)^k\}<2a(n+1)-(n+1)^2-1 \tag{11.9}$$

が示された．(12)より

$$m\equiv p+l(a-n-1)\pmod{2a(n+1)-(n+1)^2-1}$$

であるが，補題 11.22 によれば

$$x_a(k)\equiv (n+1)^k+y_a(k)(a-n-1)\pmod{2a(n+1)-(n+1)^2-1},$$

すなわち

$$m\equiv (n+1)^k+l(a-n-1)\pmod{2a(n+1)-(n+1)^2-1},$$

が成り立ち，

$$p\equiv (n+1)^k\pmod{2a(n+1)-(n+1)^2-1}$$

ということになる．(11.9)と合わせれば

$$p = (n+1)^k \tag{11.10}$$

が示された．

再び(11.6)を用いれば，$q < a$，$(p+1)^n < a$ がわかる．$a > n$ から(11.8)を導いたのと同様に，$a > p$ から

$$a < 2a(p+1) - (p+1)^2 - 1$$

が得られる．まとめると，

$$\max\{q, (p+1)^n\} < 2a(p+1) - (p+1)^2 - 1. \tag{11.11}$$

(13)から

$$x \equiv q + y(a - p - 1) \pmod{2a(p+1) - (p+1)^2 - 1}$$

であり，補題 11.22 より

$$x_a(n) \equiv (p+1)^n + y_a(n)(a - p - 1) \pmod{2a(p+1) - (p+1)^2 - 1},$$

すなわち

$$x \equiv (p+1)^n + y(a - p - 1) \pmod{2a(p+1) - (p+1)^2 - 1}$$

が成り立ち，

$$q \equiv (p+1)^n \pmod{2a(p+1) - (p+1)^2 - 1}$$

を得る．よって，(11.11)と合わせれば

$$q = (p+1)^n \tag{11.12}$$

が示された．

(11.6)より，$z < a$，$p^{k+1} < a$ が得られる（$k+1 \leqq 2n-2$ に注意）．また，(11.10)より $p \geqq 2$ であることに注意すれば，$a > p$ であることから

$$a < 2ap - p^2 - 1.$$

今までに二度繰り返した論法をもう一度行うことにより，

$$z = p^{k+1} \tag{11.13}$$

が示される．

(1), (2), (3)および(11.10), (11.12), (11.13)より命題 11.35 が適用でき，

$$gk + g + k = k!$$

が従う．すなわち，$k! + 1 = (g+1)(k+1)$ が成り立つので，ウィルソンの定理（定理 11.9）により $k+1$ は素数である．

逆に $k+1$ が素数であると仮定する．このとき，ウィルソンの定理によって，非負整数 g が存在して

$$k! = gk + g + k$$

が成り立つ．このとき，命題 11.35 によって，(1), (2), (3)および

$$p = (n+1)^k, \quad q = (p+1)^n, \quad z = p^{k+1} \tag{11.14}$$

が成り立つような非負整数 f,h,j,n,p,q,w,z が存在する(1 組とる). (3)に補題 11.29 を適用して $n>k\geqq 1$ がわかる. $e:=p+q+z+2n$ として, (4)が成り立つ. 補題 11.29 より(5)が成り立つような非負整数 a,o であって $a\geqq 2$ を満たすものが存在する(1 組とる). $y:=y_a(n)$ とおく. すると, 系 11.31 より(6),(7),(8)が成り立つような非負整数 c,d,r,u,x が存在する(1 組とる). $m:=x_a(k)$, $l:=y_a(k)$ とする. すると, (9)が成り立つ. 補題 11.19 より $l\equiv k\,(\mathrm{mod}\,a-1)$ が成り立ち, 補題 11.13 より $l\geqq k$ なので, (10)を満たす非負整数 i が定まる. 既に確かめた $n>k$ と補題 11.13 より

$$n+l = n+y_a(k) \leqq n+y_a(n-1) \leqq y_a(n) = y$$

となって, (11)を満たすような非負整数 v が定まる.

さて, 現時点で(4),(5)が成立しているので, 証明の前半の議論が適用できて

$$(n+1)^k < a, \qquad (p+1)^n < a, \qquad p^k < a$$

が成立する. したがって, $x=x_a(n)$, $y=y_a(n)$, $m=x_a(k)$, $l=y_a(k)$ および(11.14)に注意して, 補題 11.22(特に後半の主張)より, (12),(13),(14)を満たすような非負整数 b,s,t が存在することがわかる. □

以上で定理 11.7 の証明が完了しました. いかがだったでしょうか. 初等的ながらアイデアに富んだ芸術的な証明であると感じます. 合同式と不等式を組み合わせて等式を示すというテクニックがよく使われていました.

定理 11.10 の証明の後半(実際はどんどん前の命題の証明に遡ることになってしまいますが)を参考にすれば, ジョーンズ–佐藤–和田–ウィーンズ多項式を用いて最小の素数 2 を得る方法がわかります.

定理 11.8 の証明 まず, 定理 11.7 の k と定理 11.10 の k が 1 ずれていることに注意する. 紛れのないように定理 11.10 の k は k' と表すことにし, k は定理 11.7 の記号とする. 素数 2 を得る場合は, すなわち $k=0\,(k'=1)$ のときである. このときに, 定理 11.10 の証明の後半の議論を辿って得られる 1 組の $a,\cdots,j,l,\cdots,z$ が定理 11.8 の主張のものになっていればよい. まず, $g\cdot1+g+1=1!$ を満たす g は $g=0$ である. ここで, 命題 11.35 の証明の後半の議論にうつり, $32(n+1)^2+1=f^2\,(n\geqq 2)$ の解を見つける. ペル方程式の解の見つけ方はここでは議論せずに 1 つの解を述べると, $(n,f)=(2,17)$ がある. そして, $p:=(n+1)^{k'}=3$, $q:=(p+1)^n=16$, $z:=p^{k'+1}=9$, $w:=(q-\mathrm{r}(q,z))/z=(16-7)/9=1$, $h:=z-(k'!)\cdot\mathrm{r}(q,z)=9-1\cdot7=2$, $j:=\mathrm{r}(q,z)-h=7-2=5$. 定理 11.10 の証明の後半の議論に戻り, $e:=p+q+z+2n=3+16+9+4=32$. この次は $1114112(a+1)^2+1=o^2\,(a\geqq 2)$ の解を見つける必要があるが,

$$a := 79016903580988961616855568797499491863263807134092909912,$$
$$o := 8340353015645794683299462704812268882126086134656108363777$$

はそのような解である．そして，$y := y_a(n) = y_a(2) = 2a$ であり，命題 11.30 の証明の後半から，$x := x_a(n) = x_a(2) = 2a^2 - 1$,

$$u := x_a(4ny) = x_a(16a) = \frac{(a+\sqrt{a^2-1})^{16a} + (a-\sqrt{a^2-1})^{16a}}{2},$$

$$c := \frac{x_{a+u^2(u^2-a)}(n) - x}{u} = \frac{2(a+u^2(u^2-a))^2 - 1 - (2a^2-1)}{u}$$
$$= 2u(u^2-a)(u^4-au^2+2a),$$

$$d := \frac{y_{a+u^2(u^2-a)}(n) - n}{4y} = \frac{2(a+u^2(u^2-a))-2}{8a}$$
$$= \frac{(u^2-1)(u^2-a+1)}{4a},$$

$$r := \frac{y_a(4ny)}{4y^2} = \frac{(a+\sqrt{a^2-1})^{16a} - (a-\sqrt{a^2-1})^{16a}}{32a^2\sqrt{a^2-1}}$$

を得る．後は，$m := x_a(k') = x_a(1) = a$, $l := y_a(k') = y_a(1) = 1$, $i := (l-k')/(a-1) = 0$, $v := y - n - l = 2a - 3$, および

$$b := \frac{m - p - l(a-n-1)}{2a(n+1) - (n+1)^2 - 1} = \frac{a - 3 - (a-3)}{6a - 10} = 0,$$

$$s := \frac{x - q - y(a-p-1)}{2a(p+1) - (p+1)^2 - 1} = \frac{2a^2 - 1 - 16 - 2a(a-4)}{8a - 17} = 1,$$

$$t := \frac{pm - z - pl(a-p)}{2ap - p^2 - 1} = \frac{3a - 9 - 3(a-3)}{6a - 10} = 0$$

と順次定まり，2 の生成が完了する． □

研究課題

定理 11.10 を例えば次のように言い換えることができます．

定理* 11.36 k を正整数とする．このとき，非負整数 $a, \cdots, j, l, \cdots, z, A, \cdots, S$ が存在して，以下の 33 個の等式が成り立つことは，$k+1$ が素数となるための必要十分条件である．

$$q = wz + h + j,$$
$$A = gk, \quad z = (A+g+k)(h+j)+h,$$
$$B = k^2, \quad C = (n+1)^2, \quad D = 16B(B+k), \quad DC+1 = f^2,$$
$$e = p + q + z + 2n,$$

$$E = e^2, \quad F = a^2, \quad G = E(E+2e), \quad G(F+2a+1)+1 = o^2,$$
$$H = y^2, \quad x^2 = (F-1)H+1,$$
$$I = rH, \quad J = I^2, \quad u^2 = 16(F-1)J+1,$$
$$K = cu, \quad L = u^2, \quad M = L(L-a), \quad N = (a+M)^2-1, \quad O = dy,$$
$$P = (n+4O)^2, \quad (x+K)^2 = NP+1,$$
$$Q = al, \quad m^2 = Q^2-l^2+1,$$
$$l = k+i(a-1),$$
$$n+l+v = y,$$
$$R = 2a(n+1)-(n+1)^2-1, \quad m = p+l(a-n-1)+bR,$$
$$S = 2ap-p^2, \quad x = q+y(a-p-1)+s(S+2a-2p-2),$$
$$pm = z+lS-pQ+t(S-1).$$

各等式が 2 次以下であることに注意して，この定理を用いて「定理 11.10 ⇒ 定理 11.7 の証明」を真似ることにより，定理 11.6 を成り立たせる多項式で 45 変数 5 次の多項式が得られます．つまり，変数を増やせば次数を 5 次まで下げられることがわかりました．

課題 11.1 定理 11.6 を成り立たせる多項式の変数の個数と次数はどのような値を取り得るか．特に，それぞれの最小値はいくつか．定理 11.6 では条件 $\mathrm{Im}(f^+) = \mathcal{P}$ を考えていたが，「$\mathrm{Im}(f^+) \subset \mathcal{P}$ かつ $\mathrm{Im}(f^+)$ が無限集合」に置き換えるとどうなるか．

●参考文献

[JSWW] J. P. Jones, D. Sato, H. Wada, D. Wiens, *Diophantine representation of the set of prime numbers*, Amer. Math. Monthly **83** (1976), 449-464.

[Ma1] J. V. Matijasevič, *A Diophantine representation of the set of prime numbers*, (Russian) Dokl. Akad. Nauk SSSR **196** (1971), 770-773.

[Ma2] J. V. Matijasevič, *Primes are non-negative values of a polynomial in 10 variables*, J. Soviet Math. **15**, (1981), 33-44.

[Mi] W. H. Mills, *A prime-representing function*, Bull. Amer. Math. Soc. **53** (1947), 604.

[R] S. Regimbal, *An explicit formula for the kth prime number*, Math. Mag. **48** (1975), 230-232.

[Wa] 和田秀男，『数の世界——整数論への道』，岩波書店，1981 年.

[Wr] E. M. Wright, *A prime-representing function*, Amer. Math. Monthly **58** (1951), 616-618.

第 12 話
絵になる素数

2！！

君は計算前の能力や記憶
賞罰をすべて失った

「ただの 2」として
やっていくんだ

じゃあね

フッ

ちがう…
私は

本当は…

216 桁の
素数

```
7000000000000000007
0000222222222000000
0002220000002220000
0000000000002220000
0000000000022200000
0000000022220000000
0000000002220000000
0000000222000000000
0000000222000000000
0002220000002220000
0002222222222222000
7000000000000000003
```

お前ら！
なんでここに

5さん

この式でみんな
ひとかたまりに
されちまうんだ

もう時間がない

参考：Prime Curious！
https://primes.utm.edu/curios/page.php?number_id=7463

壊せ壊せ

お前らも人間らしさ
見せてみろ

人間　人間っ

あのとき多項式を内部から
バグらせたことで
記憶が残っている

私のような並べ方で
ドット絵になっている個別の素数は
存在が奇跡的というほどでは
ないにしろ

もっと複雑なドット絵を
考えたらどうなるのだろう…
適切な条件設定のもとで
どんなドット絵であっても同様に
素数で描くことができるのだろうか…

何だ!?

空から人が

大丈夫
ですか!?

はぅ

それはともかく
金をよこし
なさい

ごべ

わたしたちも
そこに
いたのよ

数の地獄で
謎の大爆発が
起こった…

世界がつながり
罪人が放り出された
ようね…

あんたらと
一緒に
しないでよ

12ちゃんも
地上に出てきた
のかな…

第一部・完

数学的解説

次の整数は 216 桁の素数です.

```
700000000000000007
000000222222000000
000022222222220000
000222000002222000
000000000022220000
000000000222200000
000000002222000000
000000222200000000
000022220000000000
000222222222222000
700000000000000003
```

216 ＝ 12×18 であることを利用して長方形状に表示していますが，2 を強調すると

```
700000000000000007
000000222222000000
000022222222220000
000222000002222000
000000000022220000
000000000222200000
000000002222000000
000000222200000000
000022220000000000
000222222222222000
000222222222222000
700000000000000003
```

のように 2 が浮かび上がってきます.

筆者（関）はこの整数を Prime Curios！というウェブサイトで知りました（https://primes.utm.edu/curios/page.php?number_id=7463）．ある時期，このサイトに情報が載っている整数をランダムに検索して眺めるのを日課にしていたのです．このサイトを調べていると，次の 517 ＝ 11×47 桁の素数にも出会いました（https://primes.utm.edu/curios/page.php?number_id=2753）.

```
11111111111111111111111111111111111111111111111
15555555555555555555555555555555555555555555551
15511115555111155511111551555555555511511111551
15515551551555155551155115555555551155155555551
15515551551555155551551515555515155155111155551
15511115511115555155551515155555155155155555551
15515555551551555551555155515551555155155555551
15515555551551555551555515155555155155155555551
15515555551551551111155155555555155115511111551
15555555555555555555555555555555555555555555551
11111111111111111111111111111111111111111111111
```

今度は 1 を強調すると

```
11111111111111111111111111111111111111111111111
15555555555555555555555555555555555555555555551
15511115555111155511111551555555555511511111551
15515551551555155551155115555555551155155555551
15515551551555155551551515555515155155111155551
15511115511115555155551515155555155155155555551
15515555551551555551555155515551555155155555551
15515555551551555551555515155555155155155555551
15515555551551551111155155555555155115511111551
15555555555555555555555555555555555555555555551
11111111111111111111111111111111111111111111111
```

のように PRIME（素数）が浮かび上がります.

これら 2 つの素数のように絵が浮かび上がる素数ではありませんが，筆者が Prime Curios! で知った中で一番驚いた素数は次の 1089 = 33×33 桁の素数です（https://primes.utm.edu/curios/page.php?number_id=2962）.

```
31399139937119913113979933191137 7
14752989594199158787945636141679 3
34379775428985257551713331268426 9
94369597894664451686364896153698 1
35497737593567341879528736949418 9
37347862364123916291937926929431 9
94187198579493339973923552369165 7
15483788911783423267897444965827 9
11712952289548822261244971643565 1
11279786811872247511236731871835 9
95433275685115284567355434383342 3
95832412927924257154395624431215 9
14965697149916414874722715979811 9
91553178939688931492655499856738 9
18917718437841135688757996673251 9
39576963448494648415573685919577 3
97648558759881171319692277264831 9
74241325966579811156631484595455 1
34432129279217858321815571114361 1
73549932472946923267964321264451 1
75554472659445468319362362695771 1
32489511449612847889637515759765 9
97424646731593691153179228823924 9
13649432978884572883161172885763 9
34333744949322156173895933914134 7
11913833265321919612984163669317
35662463195295618812764878484658 3
36181364613191315745663292816951 3
74723122413842596224341471145487
74595441258748483793323864227885 1
95514857451259519996968561224543 9
11873762639974219614428377819911 7
91731997999977373113713719997933 93
```

1089 桁の素数というのは中々に大きい素数ですが，このように正方形状に表示すると，

31399139937119913113979933191137 7

から

91731997999977373113713719997933 93

まで，33 桁の整数が 33 個並んでいるように見えます．そして，実はこれらの 33 個の整数はすべて素数なのです．これだけでは終わりません．

33 個の素数のそれぞれを反対から読んで

77311913399793113199117399319931 3

から

39339799917311317377799997991371 9

の 33 個の整数を考えると，これらも素数になっています．

さらに，最初の正方形を縦向きの方向に眺めると，上から下に読んで得られる

31393391199919139737739131337791 9

から

73919979193999939111199977337197 3

の 33 個と，下から上に読んで得られる

919773313193773793191991119339313

から

379173377999111193999939197991937

の 33 個の合わせて 66 個の整数もすべて素数になっています.

　まだ終わりません. 最初の正方形の対角線上に並ぶ, 左上から右下に読んだ

34367898215918141127339136414 8413

右下から左上に読んだ

31484146319337211418195128987 6343

左下から右上に読んだ

91593363971646811482795774329 6297

右上から左下に読んだ

79269234775972841186461793633 9519

の 4 つも素数なのです.

補足説明

　"2" が出現する 216 桁の素数や "PRIME" が浮かび上がる 517 桁の素数を紹介しましたが, プログラミングができる方は, 他にも好きな文字や絵が現れる素数を探してみると楽しいでしょう.「どういう状況でどんな絵であれば, 指定した絵を素数の十進表記(あるいは他の b 進表記)で描くことができるのか」という問いについて, 理論的に研究することにも興味があります. 筆者は残念ながら, この問いに関する十分な答えを持ち合わせておりません.

　十進表記を用いるのとは異なる問題設定で「格子点を用いた好きな形の絵を描くことができる」というタイプの, 素数に関する素敵な定理があります. 最終話の解説で何の定理も扱うことなく, 少数の素数の具体例を紹介するだけでは物足りないかもしれませんので, ここでは上述の問いに答える代わりに, その素敵な定理を紹介しようと思います.

　フェルマーは 1640 年のクリスマスにメルセンヌへあてた手紙の中で次の定理を述べました.

定理 * 12.1(フェルマーのクリスマス定理)　奇素数 p について, $p \equiv 1 \pmod{4}$ が成り立つことは, 整数 m, n を用いて $p = m^2 + n^2$ と表すことができるための必要十分条件である.

　この定理はフェルマーよりも早くジラールが 1625 年に最初に主張を述べ, オイラ

ーが 1750 年前後に証明しました. 奇素数がいつ 2 つの平方数の和で表されるのかに興味を持ち, 実例を計算するとそのすべてが 4 で割った余りが 1 になっていると気付いたジラールやフェルマーの驚きはどれほどのものだったでしょう.

$$5 = 1^2 + 2^2, \qquad 37 = 1^2 + 6^2, \qquad 73 = 3^2 + 8^2,$$
$$13 = 2^2 + 3^2, \qquad 41 = 4^2 + 5^2, \qquad 89 = 5^2 + 8^2,$$
$$17 = 1^2 + 4^2, \qquad 53 = 2^2 + 7^2, \qquad 97 = 4^2 + 9^2.$$
$$29 = 2^2 + 5^2, \qquad 61 = 5^2 + 6^2,$$

この定理はとても多くの数論に関する本で紹介されている有名な定理で, 数論愛好家の方であればご存知の方も多いでしょう. 本書では省略しますが, ガウス数体の話と繋げると類体論の出発点と見ることができる定理です. たくさんの証明が知られていますが, 有名な証明の 1 つに「ザギエの一文証明[Z]」があります.

そういえば, 5882353 は 4 で割った余りが 1 の素数なので 2 つの平方数の和として表せるはずですが, その表示がちょっぴり面白いです:
$$5882353 = 588^2 + 2353^2.$$
このような素数は他には $101 = 10^2 + 1^2$ しかありません.

定理 12.2 p を $p \equiv 1 \pmod 4$ を満たす素数とする. このとき, $p = m^2 + n^2$ を満たす正整数 m, n を用いた等式
$$p = m \cdot 10^{\mathrm{d}(n)} + n$$
が成立するならば, $p = 101$ または $p = 5882353$ である. ここで, $\mathrm{d} : \mathbb{Z}_{>0} \to \mathbb{Z}_{>0}$ は正整数の十進法表記における桁数を返す関数とする.

脱線しますが, 証明は長くないのでやってみましょう[1]. 1 つ補題を用意します.

補題 12.3 n を正整数とし, p を $10^{2^n} + 1$ の素因数とする. このとき, ある正整数 k が存在して, $p = k \cdot 2^{n+1} + 1$ が成り立つ.

証明 $10^{2^n} \equiv -1 \pmod p$ なので, $10 \bmod p$ の $(\mathbb{Z}/p\mathbb{Z})^\times$ における位数は 2^{n+1} である. 一方, フェルマーの小定理(定理 8.1)によって $10^{p-1} \equiv 1 \pmod p$ なので, $2^{n+1} \mid p-1$ でなければならない. □

定理 12.2 の証明 $p = m^2 + n^2 = m \cdot 10^{\mathrm{d}(n)} + n$ が成り立っているとする. $n = 1$ の場合, $m^2 + 1 = 10m + 1$ が成り立つので, $m = 10$, $p = 101$ と特定される. 以下, $n \neq 1$ および $p \neq 101$ を仮定し, $p = 5882353$ でなければならないことを証明する.

---

1) ここに紹介する証明はジャン・クロード・ロザのアイデアに基づきます.
https://www.primepuzzles.net/puzzles/puzz_180.htm

$N := d(n)$ とおく. $10^N = (p-n)/m$ なので,

$$10^{2N}+1 = \left(\frac{p-n}{m}\right)^2 + 1 = \frac{p^2 - 2pn + n^2 + m^2}{m^2} = \frac{p(p-2n+1)}{m^2}$$

$$= p \cdot \frac{m^2 + n^2 - 2n + 1}{m^2} = p \cdot \left\{1 + \left(\frac{n-1}{m}\right)^2\right\}$$

と変形できる. p と m は互いに素なので, $p(p-2n+1)/m^2 \in \mathbb{Z}$ であることから, $(p-2n+1)/m^2 \in \mathbb{Z}$ がわかる. よって, p は $10^{2N}+1$ の素因数であり, $m \mid n-1$ である (有理数の2乗が整数ならば, もとの有理数は整数であることに注意).

次に, $d(p)$ の大きさを制限する. $p \neq 101$ なので, $N \neq 1$ であることに注意しておく. n は奇数なので, $n \neq 10^{N-1}$. よって, $d(n) = d(n-1) = N$ であり, $d(n(n-1)) = 2N$ or $2N-1$ である. また, $m(10^N - m) = n(n-1)$ なので,

$$d(m(10^N - m)) = 2N \text{ or } 2N-1 \tag{12.1}$$

を得る. もし, $m = n-1$ であれば, $10^N - 1 = 2m$ となり, 左辺は奇数, 右辺は偶数なので矛盾する. したがって, $m \neq n-1$ であり, $m \mid n-1$ であったことから, $m \leq (n-1)/2$ が成り立つ($n-1 > 0$ である). よって,

$$m \leq \frac{n-1}{2} < \frac{10^N - 1}{2} < 10^N - 10^{N-1}$$

と評価でき, $d(m) \leq N$ および $d(10^N - m) = N$ となる. ゆえに,

$$d(m(10^N - m)) = d(m) + N \text{ or } d(m) + N - 1.$$

(12.1)と比較すると, $d(m) = N$ or $N-1$ を得る. 以上により,

$$d(p) = d(m \cdot 10^N + n) = d(m) + N = 2N \text{ or } 2N-1 \tag{12.2}$$

がわかった.

p は $10^{2N}+1$ の素因数であったが, $10^{2N}+1 = pM$ と書くとき($M \in \mathbb{Z}$), $d(M) = 2$ or 3 であることを示そう. もし, $M = 1$ であれば $d(p) = d(10^{2N}+1) = 2N+1$ となって, (12.2)に反する. よって, $M \neq 1$ である. また, M は1桁の素因数をもたない. というのも, M が $2, 3, 5$ で割り切れないのは明らかであり, $10^{2N}+1 \equiv 2^N + 1 \pmod 7$ であることと,

$$\{2^n \bmod 7 \mid n \in \mathbb{Z}_{>0}\} = \{1 \bmod 7, 2 \bmod 7, 4 \bmod 7\}$$

であることから7でも割り切れない. よって, M は1桁ではない. 一方, (12.2)より

$$d(M) \leq d(10^{2N}+1) - d(p) + 1 \leq (2N+1) - (2N-1) + 1 = 3$$

である.

ここまでに準備した $d(p)$ と $d(M)$ に関する制限を利用すれば, p を限定できる. N が奇数である場合を考えよう. A を

$$A := \frac{10^{2N}+1}{101} = 10^{2(N-1)} - 10^{2(N-2)} + \cdots + 1$$

とおくと, $p \neq 101$ より $N \neq 1$ なので, $\mathrm{d}(A) = 2N-2$ である. また, $p \neq 101$ より p は A の素因数であり,

$$\mathrm{d}(p) \leqq \mathrm{d}(A) = 2N-2$$

となって (12.2) に矛盾する. すなわち, N が奇数のケースは起こり得ない.

よって N は偶数であるので, 正整数 e と奇数 N' を用いて, $N = 2^e N'$ とする.

$$B := \frac{10^{2N}+1}{10^{2^{e+1}}+1} \in \mathbb{Z}$$

と B を定める. もし, $p \mid B$ であれば,

$$\mathrm{d}(M) \geqq \mathrm{d}(10^{2^{e+1}}+1) \geqq \mathrm{d}(10001) = 5$$

となり, $\mathrm{d}(M) = 2\,\mathrm{or}\,3$ に矛盾する. よって, $p \mid 10^{2^{e+1}}+1$ がわかった.

以下の (手計算では求められない) 素因数分解を眺める.

$$10^4+1 = 73 \times 137,$$
$$10^8+1 = 17 \times 5882353,$$
$$10^{16}+1 = 353 \times 449 \times 641 \times 1409 \times 69857,$$
$$10^{32}+1 = 19841 \times 976193 \times 6187457 \times 834427406578561,$$
$$10^{64}+1 = 1265011073 \times 15343168188889137818369$$
$$\times 515217525265213267447869906815873,$$
$$10^{128}+1 = 257 \times 15361 \times 453377$$
$$\times 558711876337536212257947750090161313464308422534640474631571587847325442162307811652237021552236783095628226676556169,$$
$$10^{256}+1 = 10753 \times 8253953 \times 9524994049 \times 73171503617$$
$$\times 1616596633564349449489422011641630094937170891023707713731213621509855445147613791334879970239960121494250486544867373803703335112969212205588136486127911378455522106972662561209306769727108859261279464169095828948979958072331.$$

$1 \leqq e \leqq 7$ の場合は, p はここに出てくる素数でなければならないが, その p に対する M として $\mathrm{d}(M) = 2\,\mathrm{or}\,3$ を満たし得るものは

$$73, \qquad 137, \qquad 5882353$$

しかない. $73 = 3^2+8^2$ および $137 = 4^2+11^2$ は所望の性質を持たない. よって, $1 \leqq e \leqq 7$ の場合は p の候補が 5882353 しかないことが示された. $e \geqq 8$ の場合を考え,

$10^{2^{e+1}}+1$ の最小の素因数を q とおく．補題 12.3 より，ある正整数 k が存在して，$q = k \cdot 2^{e+2}+1$ が成り立つ．よって，

$$\mathrm{d}(q) = \mathrm{d}(k \cdot 2^{e+2}+1) \geqq \mathrm{d}(2^{10}+1) = \mathrm{d}(1025) = 4$$

と評価できる．$p \neq 10^{2^{e+1}}+1$ の場合は $\mathrm{d}(q) \leqq \mathrm{d}(M)$ なので，$\mathrm{d}(M) = 2\,\mathrm{or}\,3$ とはなり得ない．$p = 10^{2^{e+1}}+1$ の場合は $M = B$ であるが，$M \neq 1$ なので $N' \neq 1$ であり，

$$\mathrm{d}(B) = 2^{e+1}(N'-1) \geqq 2^{e+2} \geqq 2^{10}$$

なので，やはり $\mathrm{d}(M) = 2\,\mathrm{or}\,3$ は成り立たない．以上で証明が完了する．　　□

　閑話休題．

　2 つの平方数の和として表すことができるような素数（x^2+y^2 型素数とよぶことにします）の分布を調べたいと思ったとき，フェルマーのクリスマス定理によって，それは 4 で割った余りが 1 であるような素数の分布について調べるということに他なりません．例えば「x^2+y^2 型素数の無限性を知りたい」と思った場合，それは「4 で割った余りが 1 であるような素数の無限性を知りたい」という問題に置き換わり，算術級数定理（定理 7.14）によって実際に無限に存在することがわかります．つまり，最初の動機にあった「x^2+y^2」という形は一切忘れてよいということになります．

　ですが，x^2+y^2 型素数（それは 1 つの整数）に注目するのではなく，m^2+n^2 が素数となるような 2 つの非負整数の組 (m, n) が xy 平面においてどのように分布しているかという問題意識を持つと，「4 で割った余りが 1 であるような素数の分布を調べる」という 1 次元の問題とは異なる，2 次元世界の問題に出会うことができます．

　m^2+n^2 が素数となるような $(m, n) \in \mathbb{Z}^2$ を xy 平面にいくつかプロットした図を眺めてみましょう（図 12.1）．

　対称的な図ですが，その理由は簡単にわかります．というのも，$F(x, y) := x^2+y^2$ とおき，$F(m, n)$ が素数であるとき，$F(\pm m, \pm n), F(\pm n, \pm m)$（複号任意）の計 8 つが同じ素数の値をとるからです（逆に，その 8 つ以外で同じ素数値をとるものがないことも証明されています）．

　この図にある格子点で絵を描くことを考えてみましょう．例えば，図 12.2 のような 5 角形を描くことができます．

　この 5 角形は $(10, -3), (19, 6), (16, 9), (4, 9), (1, 6)$ の 5 点を頂点に持ち，それぞれの点における F の値は $109, 397, 337, 97, 37$ です（すべて素数）．形だけに注目すると，$S := \{(0, 0), (3, 3), (2, 4), (-2, 4), (-3, 3)\}$（図 12.3）と同じですが，もとの 5 角形は S を 3 倍し，ベクトル $(10, -3)$ だけ平行移動させたものであることがわかります．

　一般に，格子点からなる有限集合 $S \subset \mathbb{Z}^2$ に対して，正整数 l とベクトル $\alpha = (a, b) \in \mathbb{Z}^2$ を用いて

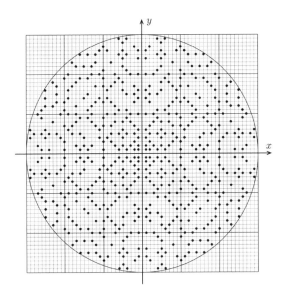

図 12. 1

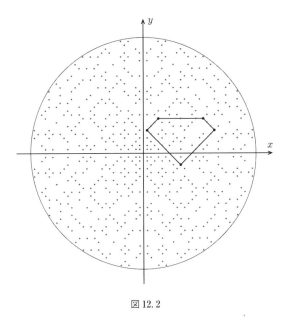

図 12. 2

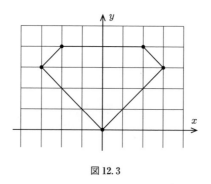

図 12.3

$$lS + a := \{ (ls + a, lt + b) \mid (s, t) \in S \}$$

の形に表される集合のことを S **星座**とよびます.

いったいどんな $S \subset \mathbb{Z}^2$ であれば, F を写像 $F \colon \mathbb{Z}^2 \to \mathbb{Z}$ と考えたときの素数の集合の逆像 $F^{-1}(\mathcal{P})$ は S 星座を含むでしょうか. この疑問に答えたのが, 次のタオの定理です.

定理 * **12.4** ($x^2 + y^2$ の素数表現に関する星座定理, タオ [T]) 格子点からなる, どんな有限集合 $S \subset \mathbb{Z}^2$ に対しても, ある S 星座 $\mathcal{S}$ が存在して, 任意の $(m, n) \in \mathcal{S}$ に対して, $m^2 + n^2$ は素数である.

つまり, 「どんな S でもよい」というのが答えです!!! この定理の証明は拙著 [S] に詳述しましたが, ここでは定理の主張の凄さ・美しさを味わっていただきたいです. あなたが心の中にどんな形を思い描いたとしても, 星座を構成する点の x 座標と y 座標のそれぞれの値の2乗の和がすべて素数となるような, 思い描いた形の星座が必ず存在するのです.

何か面白い法則・定理が得られたら拡張したくなるのが数学者です. 例えば, これまで考えてきた $x^2 + y^2$ を他のもの, $x^2 + 3y^2$ など, に変更しても同様の現象が成立するかどうかが気になります. ここでは一般の整数係数2元2次形式 $F_{a,b,c}(x, y) := ax^2 + bxy + cy^2$ を考えてみることにしましょう ($a, b, c \in \mathbb{Z}$). 以下, 省略して, 単に「2次形式」とよぶことにします.

$F_{1,0,1}(x, y) = x^2 + y^2$ のときの類似を探るにあたって, $F_{a,b,c}$ を写像 $F_{a,b,c} \colon \mathbb{Z}^2 \to \mathbb{Z}$ と考えたときの $F_{a,b,c}(\mathbb{Z}^2) \cap \mathcal{P}$ ($F_{a,b,c}$ の値が取り得る素数の集合) が無限集合となる場合を考察対象としたいです. すると, a, b, c の最大公約数は1であると仮定すべきであり, この仮定を満たす $F_{a,b,c}$ を**原始的**な2次形式といいます (原始的でなければ,

$F_{a,b,c}(\mathbb{Z}^2) \cap \mathcal{P}$ は高々 1 元集合にしかなれません).

次に, 2 次形式の振る舞いに強く関係する量である**判別式**を $D(F_{a,b,c}) := b^2 - 4ac$ によって定めます. 判別式が平方数である場合は, 2 つの整数係数 1 次形式 $(Ax + By,$ $A, B \in \mathbb{Z}$ の形のもの) の積に分解されます. このときは $F_{a,b,c}(\mathbb{Z}^2) \cap \mathcal{P}$ の無限性は算術級数定理に帰着されますし, $F_{a,b,c}^{-1}(\mathcal{P})$ に属する点はいくつかの直線の上に分布する必要があり, 一般の形の 2 次元の星座を含むことはできません. つまり, 1 次元的な考察対象といえます. よって, このケースは考察の対象外とし, 以下, 判別式が平方数ではないような 2 次形式を考えることにします. そのような 2 次形式は**非退化**であるといいます.

非退化な 2 次形式 $F_{a,b,c}$ を次のように分類します:

$$F_{a,b,c} : \textbf{正定値} \overset{\text{def}}{\iff} D(F_{a,b,c}) < 0 \text{ かつ } a > 0,$$

$$F_{a,b,c} : \textbf{負定値} \overset{\text{def}}{\iff} D(F_{a,b,c}) < 0 \text{ かつ } a < 0,$$

$$F_{a,b,c} : \textbf{不定値} \overset{\text{def}}{\iff} D(F_{a,b,c}) > 0.$$

$F_{a,b,c}$ が正定値ならば $F_{a,b,c}(\mathbb{Z}^2 \setminus \{(0,0)\}) \subset \mathbb{Z}_{>0}$, 負定値ならば $F_{a,b,c}(\mathbb{Z}^2 \setminus \{(0,0)\}) \subset \mathbb{Z}_{<0}$, 不定値ならば $F_{a,b,c}$ は正の値も負の値もとることを簡単に確かめられます. 特に, $F_{a,b,c}(\mathbb{Z}^2) \cap \mathcal{P}$ が無限集合であることを要求するには, 負定値の場合は考察の対象外とせねばなりません[2].

以上の議論から, 以下では非退化で正定値または不定値の原始的 2 次形式 $F_{a,b,c}$ を扱います. このとき, フェルマーのクリスマス定理

$$p \in \mathcal{P} \setminus \{2\} \text{ に対して}, \quad p \in F_{1,0,1}(\mathbb{Z}^2) \iff p \equiv 1 \pmod 4$$

の類似は成り立つでしょうか.

いくつかの例では類似の公式が成り立つことが知られています. 例えば,

$$p \in \mathcal{P} \setminus \{3\} \text{ に対して}, \quad p \in F_{1,0,3}(\mathbb{Z}^2) \iff p \equiv 1 \pmod 3,$$

$$p \in \mathcal{P} \setminus \{2,5\} \text{ に対して}, \quad p \in F_{2,2,3}(\mathbb{Z}^2) \iff p \equiv 3, 7 \pmod{20},$$

$$p \in \mathcal{P} \setminus \{2,5\} \text{ に対して}, \quad p \in F_{1,0,10}(\mathbb{Z}^2) \iff p \equiv 1, 9, 11, 19 \pmod{40}$$

が成り立ちます[3]. したがって, $x^2 + 3y^2$ 型素数, $2x^2 + 2xy + 3y^2$ 型素数, $x^2 + 10y^2$ 型素数それぞれの無限性は算術級数定理 (定理 4.8) によって証明することができます.

一方で, $x^2 + 23y^2$ 型素数については (合同条件によって必要十分条件を与える) 同様の公式は存在しません[4]. 一般にはフェルマーのクリスマス定理の類似は成り立たな

---

2) $F_{a,b,c}$ が負定値の場合は, $F_{-a,-b,-c}$ が正定値となります.

3) この手の公式を含む 2 次形式の素数表現については, コックス [C] が標準的教科書です.

4) 保型形式の言葉を用いて必要十分条件を与えることはできます. このように, 枠組みを広げて公式を見つける方向の研究の紹介は本書では割愛します.

いのです（このことは類体論の限界と関係があります）．よって，算術級数定理を利用するだけでは一般の $ax^2+bxy+cy^2$ 型素数の無限性を証明することはできません．

　非退化で正定値または不定値の原始的2次形式を考えることにした理由は，$ax^2+bxy+cy^2$ 型素数が無限に存在し，かつ一般の形の2次元星座が $F_{a,b,c}^{-1}(\mathcal{P})$ 内に存在し得るための必要条件であったからですが，そのときに実際に所望の性質を持つかどうかはとても非自明です．フェルマーのクリスマス定理の類似が成り立たなければ算術級数定理を使えないので，$ax^2+bxy+cy^2$ 型素数の無限性も「もしかすると成り立たないケースがあるのでは？」と不安になってきます．

　その不安を最初に払拭したのがウェーバーです．彼は 1882 年，以下の定理を証明しました[5]．

定理* 12.5（ウェーバー[W]）　$F_{a,b,c}(x,y)$ を非退化で正定値または不定値の原始的2次形式とする．このとき，整数 m,n を用いて $p = F_{a,b,c}(m,n)$ の形に表すことのできる素数 p は無限に存在する．すなわち，$F_{a,b,c}(\mathbb{Z}^2) \cap \mathcal{P}$ は無限集合である．

　例外なく無限性が成立するのですね．それでは，タオの星座定理（定理 12.4）の類似についてはどうでしょうか．クリスマス定理のように類似は成り立つ場合と成り立たない場合があるのか，はたまた，ウェーバーの定理のように例外なく類似が成り立つのか．皆さんはどちらの方が嬉しいでしょうか．数学では事実こそが最も大切ですが，答えは後者でした．

定理* 12.6（2元2次形式の素数表現に関する星座定理，東北大チーム[KMMSY]）　$F_{a,b,c}(x,y)$ を非退化で正定値または不定値の原始的2次形式とする．このとき，任意の有限集合 $S \subset \mathbb{Z}^2$ に対して，ある S 星座 $\mathcal{S}$ が存在し，制限写像 $F_{a,b,c}|_{\mathcal{S}}$ は単射かつ像が $\mathcal{P}$ に含まれる．

　星座定理の成立を期待し得る**すべての**2次形式 $F_{a,b,c}$ について，$F_{a,b,c}$ の値が素数となるような格子点だけで構成される任意の形状の星座が存在するのです．さらに，主張における単射性の部分の意味を考えると，星座を構成する異なる複数の格子点に対して $F_{a,b,c}$ の値が同じ素数になる場合も一般にはありますが，ばらばらな素数値をとる星座の存在まで示せているというわけです．

5）現代的な視点で言えば，チェボタリョフの密度定理に帰着して証明されるのであって，チェボタリョフの密度定理は算術級数定理の一般化ともみなせますから，定理 12.5 は「特定の型の素数の無限性証明」の観点において，算術級数定理よりも抜本的に新しい証明手法が要求される定理だというわけではありません．

研究課題

整数係数 2 元 2 次形式を考えたのは「試しにやってみた」ということですが, 他の形式や関数の場合は星座定理はいつ成り立つのでしょうか[6].

課題 12.1 「任意の $\mathbb{Z}^3$ の有限部分集合 S に対し, ある $l \in \mathbb{Z}_{>0}$ および $\alpha = (a, b, c)$ $\in \mathbb{Z}^3$ が存在して,
$$lS + \alpha := \{(ls + a, lt + b, lu + c) \mid (s, t, u) \in S\}$$
に属する任意の元 (n_1, n_2, n_3) について, $n_1^3 + n_2^3 + n_3^3$ は素数である」という主張が成り立つか研究せよ.

課題 12.2 相異なる 2 つの整数 $a, b \geqq 2$ に対して, a 進表記と b 進表記のそれぞれで異なる特徴的な絵が浮かび上がるような素数を見つけよ.

課題 12.3 冒頭で紹介した 216 桁の素数や 517 桁の素数に関連する, 人の心を熱くするような一般的定理は存在するか.

●参考文献

［C］ D. A. Cox, *Primes of the form $x^2 + ny^2$. Fermat, class field theory, and complex multiplication*, Wiley, 2nd edition, 2013.

［KMMSY］ W. Kai, M. Mimura, A. Munemasa, S. Seki, K. Yoshino, *Constellations in prime elements of number fields*, preprint, arXiv:2012.15669.

［S］ 関 真一朗, 『グリーン・タオの定理』, 朝倉書店, 2023 年.

［T］ T. Tao, *The Gaussian primes contain arbitrarily shaped constellations*, J. Anal. Math. **99** (2006), 109-176.

［W］ H. Weber, *Beweis des Satzes, dass jede eigentlich primitive quadratische Form unendlich viele Primzahlen darzustellen fähig ist*, Math. Ann. **20** (1882), 301-329.

［Z］ D. Zagier, *A one-sentence proof that every prime $p \equiv 1 \pmod 4$ is a sum of two squares*, Amer. Math. Monthly **97** (1990), 144.

---

6) ノルム形式とよばれる場合は論文 [KMMSY] で扱われています.

索引

172

あとがき

　お疲れ様でした．へんな本だったでしょう．へんなものを作ることに意地を張っている自分としてはとても満足しています．皆さんはどうだったでしょうか．

　この本のあらましを少し．『数学セミナー』2019年7月号の特集「おおきな数」に巨大数研究家のフィッシュ氏が寄稿したさいに，編集者と「小林になにか描かせてはどうか」というやりとりがあったそうです．私は巨大数について漫画を描いた経験があったので，実際に話が来た際に経験を活かせると思い快諾しました．監修を関真一朗先生にお願いすることになったのですが，関先生はロマンティック数学ナイト（数学に関するショートプレゼンイベント）で「すごい熱量で素数の話をしている人がいるな」と印象深かったため記憶に残っていました．それで自然と「整数にまつわる話にしよう」と決まっていったのだと思います．

　さて，自分が漫画を描く際には必ず，未体験の課題を用意することにしています．このときは「擬人化ものってやったことないな」でした．また数学漫画というものは基本的にとにかくとっつきが悪く，そして「先生と生徒」の形になりがちなので，そこをもっと自由にできないか考えたところ，「数を擬人化すれば数がキャラクタとして振る舞う中で数学的説明を織り込むことが可能かもしれない」となり，あとは駄洒落で「整数の話（整数譚）→ 整数たん（愛称）→ せいすうたん」と決まったわけです．

　ここまでで大枠は決まったので，後は座組ですが，私は描きたいものばかり描きたいタチなので女子が旅をすることになります．「人間の女の子が旅の中でさまざまな擬人化した数たちに出会う」として，そこにどのように動機を加えるか，というのは読んでいただいた通りです．これについては主人公の名前が「環 有理数」と浮かんだ瞬間に「じゃあ不思議の国のアリスだ」となり，自分が最もやりやすい「なんでもあり」の世界観に繋げることができました．これは結構運が良かったと思います．

　関先生が選定した数学的対象は，どれも興味深い点が明確なので漫画に落とし込みやすかったと思います．なるべく数学的性質を漫画に溶かし込みたいのですが，全部がうまくいったわけではないのが反省点です．資料をよく読み込んでディテールが自分の中に入ってきて，漫画的モチーフになるので手が抜けません．終盤は一か月の大部分を資料読みで潰し，ほかの仕事をしないので家計がものすごいことになりました．また関先生には，例えば「前後の話の流れを踏まえて，このコマに過不足ない数学的

記述をはめ込みたい」のような無茶振りをしたり随分手間をおかけしてしまったなと思います.

　あちこちで話しているのですが，自分は学生時代の数学科目は点数が低く，今もどちらかといえば数学における問題解決や創造的な発想は不得意です．それに比べると，教わって理解したことを他者に伝える能力は少しましなのではないかと思います．情報の時代ですから，自分のような数学の楽しみ方もこれからますます増えていくのではないでしょうか．その足掛かりとして本書がなんとなく存在感を発揮できたらいいな，とひそかに考えています.

　最後になりますが，毎月わけのわからない下描きを読まされ，また〆切があってないような挙動をする私の原稿を辛抱強くお待ちいただいた担当の飯野玲氏・道本裕太氏に深く感謝いたします.

小林銅蟲

小林銅蟲

こばやし・どうむ

1979年生まれ．漫画家．
著作に『ねぎ姉さん』，
『めしにしましょう』（全8巻，講談社），
『寿司 虚空編』（三才ブックス）などがある．

関 真一朗

せき・しんいちろう

1989年生まれ．青山学院大学理工学部助教．
専門は数．
著作に『グリーン・タオの定理』（朝倉書店）がある．

せいすうたん1
整数たちの世界の奇妙な物語

2023年4月30日 第1版第1刷発行
2023年7月15日 第1版第2刷発行

著　者 ──────── 小林 銅蟲・関 真一朗
発行所 ──────── 株式会社日本評論社
　　　　　　　　　　〒170-8474　東京都豊島区南大塚 3-12-4
　　　　　　　　　　電話 （03）3987-8621 ［販売］
　　　　　　　　　　　　 （03）3987-8599 ［編集］
印　刷 ──────── 株式会社精興社
製　本 ──────── 株式会社難波製本
装　幀 ──────── 山田信也（ヤマダデザイン室）